책으로
인성
키우기♥

초등 독서교육 전문가  6인의 인성독서 수업

인공지능시대

책으로
인성
키우기

서교출판사

우리 아이 인성 역량, 어떻게 키워야 할까요?

4차 산업혁명의 시대를 앞두고 미래 세대 교육에 대한 관심이 매우 높아졌습니다. 이에 많은 교육계 전문가들은 우리 교육이 나아가야 할 올바른 발전 방향을 크게 두 가지로 제시했습니다. 그중 첫 번째가 '스스로 생각하는 힘을 기르고 자존감을 높이는 훈련을 하는 것'입니다. 급변하는 시대 속에서 변화에 대처할 수 있는 능동적 사고력은 필수적인 요소입니다. 더불어 그 변화 속에서 자신의 중심을 유지하는 자존감은 매우 귀중한 역량이 될 것입니다. 그다음으로 중요한 것이 '토론과 합의를 통한 시민정신을 함양하는 것'입니다. 이제 우수한 엘리트 한 명의 힘으로 문제를 해결하는 시대는 지났습니다. 앞으로 다가올 시대는 보다 복합적이고 고도화된 문제 해결을 요하게 될 것입니다. 이에 따라 여러 사람이 함께 의견을 조율하고 힘을 합치는 역량이 더욱 중요해지겠지요.

자존의 힘을 갖고 세상과 소통할 수 있는 능력, 이것을 바로 인성이라고 합니다. 그렇다면 훌륭한 인성교육을 위해서 아이에게 필요한 것은 무엇일까요? 무엇보다 부모의 사랑, 그리고 좋은 책이라는 양질의 토양이 필요합니다. 부모가 아이의 말에 귀를 기울이며 존중해 줄 때, 활짝 웃으며 안아줄 때, 아이의 자존감은 높아집니다. 그리고 자존감이 높을수록 다른 사람을 존중하고 아낄 줄 알게 됩니다. 당연히 관계능력이 높은 아이가 될 것입니다. 그렇다면 책은 어떨까요? 아이는 책을 통해서도 세상을 배웁니다. 학교에 들어갈 나이가 되면 혼자 글을 읽을 수 있게 되지만, 여전히 아이들은 부모님이 책을 읽어주는 것을 좋아합니다. 아이들은 부모님이 책을 읽어줄 때 사랑받는다고 느끼기 때문이지요. 그래서 초등학교 저학년 시기까지는 아이가 스스로 독서를 즐기는 것도 좋지만, 부모님과 함께 책 읽는 시간을 갖는 것 또한 몹시 중요합니다.

이 책은 자녀와 함께 책을 읽으면서 인성교육을 하고자 하는 부모님들, 내 아이가 올바른 독서를 할 수 있도록 독서 코칭을 하고자 하는 부모님들을 위해 쓰였습니다. 아이의 인성을 키워주는 부모란 아이가 책을 좋아할 수 있도록 해주는 부모, 책을 통해 생각의 힘을 넓히도록 도와주는 부모입니다.

책 내용을 이해하는 데서 끝나지 않고 책과 자신을 연결하여 생각해 볼 수 있게 하는 부모입니다. 그러기 위해서는 일방적으로 책 내용을 주입하거나 가르치려고 덤벼서는 안 됩니다. 아이가 자연스럽게 주인공의 마음을 이해하고 스스로 질문하고 생각할 수 있도록 유도해 주어야 합니다. 그것이 올바른 인성 독서교육의 방법입니다.

이 책을 집필하신 선생님들은 현재 초등학교 1, 2학년 교과서를 바탕으로 아이들의 인성을 결정짓는 4가지 덕목을 선별했습니다. 그리고 '자기이해', '자기발전', '대인관계', '공동체'라는 네 가지 주제로 정리했습니다. 또 각 덕목을 발전시키기 위해 적합한 책을 선정하고 소개하면서, 책을 효율적으로 읽기 위한 가이드라인과 인성교육의 포인트를 제시하였습니다.

마지막으로 독서 후 함께하는 활동을 통해 부모님들이 자녀와 소통하는 독서를 할 수 있도록 완벽한 인성 독서의 로드맵을 구성하였습니다. 이 과정에는 직접 자녀들을 키우면서 경험하고 느꼈던, 선배 부모로서의 교훈들도 녹아있습니다. 아무쪼록 정성을 다해 쓴 이 책이 부모님들의 관심, 사랑과 함께 우리 자녀들의 인성 역량을 부쩍 성장하게 할 수 있기를 바랍니다.

2018년 5월 저자 일동

┃ 차례 ┃

CHAPTER 04   공동체 : 함께 행복한 세상을 만들어가요

자존감은 '해보니까 되더라'에서 나와요
다원시, 《짧은 귀 토끼》

'나'는 나여서 멋진 거라고요
로저 뒤봐젱, 《당나귀 덩키덩키》

다 잘하지 못해도 괜찮아요!
앤서니 브라운, 《윌리와 악당 벌렁코》

나는 소중하니까요!
홍준희, 《나도 자존심 있어》

느끼는 대로 자유롭게 표현해 보아요
피터 레이놀즈, 《느끼는 대로》

가족에게 자기의 감정을 솔직하게 표현해요
윌리엄 스타이그, 《부루퉁한 스핑키》

CHAPTER 1

책으로
인성
키우기

자기이해

나는 나! 비교하지 않아요

01

자존감은
'해보니까 되더라'에서
나와요

짧은 귀 토끼

다원시 글
탕탕 그림
심윤섭 옮김
고래이야기

짧은 귀 토끼 동동이는 아직 어려요. 오로지 자신에게 집중하는 친구였습니다. 그래서 자신의 귀가 다른 친구들보다 짧아도 별로 신경 쓰지 않았어요. 동동이는 잘하는 것이 많았거든요. 하지만 언제부턴가 짧은 귀가 신경 쓰이기 시작했습니다. 엄마는 항상 "아가, 네 귀는 귀엽고 특별하단다."라고 말씀해 주셨지만, 동동이는 그래도 속상했어요.

동동이는 친구들처럼 긴 귀를 가지고 싶어서 많은 노력을 했어요. 노력하는 것은 즐거웠습니다. 노력하면 될 줄 알았거든요. 빨래집게로 귀를 잡아당겨 보기도 하고, 아빠가 물을 주면 당근이 잘 자라는 것을 보고는 물도 많이 마셨어요. 아빠가 문을 주면 당근이 쑥쑥 자라는 것을 보았거든요. 또 음식도 가리지 않고 잘 먹었습니다. 그래서 더 잘 달리게 되고, 더 튼튼해졌지요. 하지만 귀는 여전히 짧았어요.

　실망스러웠지만 여기서 포기하지 않고 엄마에게 배웠던 빵 굽는 법을 떠올렸어요. 빵으로 토끼 귀를 만들어 붙이면 좋겠다는 생각이 났거든요. 역시! 노력하면 안 되는 것은 없나 봐요. 달콤한 냄새가 나는 그럴싸한 토끼 귀 모양의 빵을 만드는 데 성공했어요.

　자랑스러운 마음으로 토끼 귀 모양 빵을 붙이고 돌아다니려니, 아뿔싸! 독수리가 달콤한 빵 냄새를 맡고 동동이를 쫓아오네요.

　동동이는 어떻게 됐을까요? 독수리에게 귀를 잡혀 토끼 귀 빵은 사라지고 말았어요. 하지만 언제부터인가 동동이의 빵이 맛있다는 소문이 돌기 시작했어요.

　동동이는 더 이상 귀 크기에는 신경 쓰지 않았습니다. 대신 더 중요한 것을 생각해 냈어요. 바로, 자신의 재능을 살려 맛있는 빵 가게를 연 것입니다. 결과는 어땠느냐고요? 물론 대성공이었지요!

이렇게 읽어요

엄마의 긍정적인 표현은 아이의 자존감을 자라게 해요

동동이는 아주 어렸을 때부터 남들과 귀가 달랐어요. 하지만 남들과 다른 짧은 귀가 싫지 않았어요. 귀가 짧은 것이 대수인가요? 동동이는 귀가 긴 친구들보다 잘하는 것이 훨씬 많았거든요. 빨리 달릴 줄 알았고, 친구들보다 높이 뛸 수도 있었어요. 동동이는 이런 것들이 더 중요하다고 생각했답니다. 그런데 자신이 잘 하는 것이 있고 그것이 중요하다는 것을 동동이는 어떻게 알았을까요? 스스로 깨달았을까요? 엄마는 늘 이렇게 말씀해 주셨어요.

"아가야, 네 귀는 아주 귀엽고, 가장 특별하단다."

부모님께 자주 꾸중을 듣거나 다른 아이들과 비교를 많이 당하는 아이들은 자신이 잘하는 것이 있어도 그것을 잘 한다고 받아들이지 못해요. 자신도 다른 친구와 비교하며 "~가 더 잘했잖아요."라고 무의식적으로 말하곤 합니다. 칭찬도 많이 받아본 사람이 칭찬을 받을 줄 알고, 더 칭찬할 줄도 안답니다. 어렸을 때부터 가까운 사람들에게 사랑의 말, 자신을 인정해주는 말을 듣고 자란 아이는 자기를 충분히 가치 있는 사람이라고 여기게 됩니다. 아이를 향한 부모님의 긍정적인 말과 표현들은 아이가 자신감을 갖게 하고, 자기 가치감이 높은 아이, 자존감이 높은 아이로 성장하게 한답니다.

실패가 보여도 기다려 주세요

동동이는 귀가 길어지게 하려고 많은 노력을 했어요. 하지만 모두 실패했죠. 동동이의 귀는 여전히 짧았습니다.

사실, 엄마는 동동이의 방법들이 모두 실패할 거라는 걸 알고 계셨답니다. 하지만 동동이에게 "네가 하는 방법들은 귀를 길어지게 만들 수 없어." 라고 말하며 노력이 헛되다고 말씀하지 않으셨어요. 아이가 생각해낸 방법들을 모두 시도해 본 후, 스스로 깨달을 수 있도록 잠자코 계셨어요.

그 덕분에 동동이는 실패하는 과정에서 자신이 무얼 좋아하는지, 어떤 재능이 있는지를 발견할 수 있었어요. 결국 귀를 길게 하는 것은 실패했지만, 그 대신 빵 만드는 것이 무척 재미있다는 사실을 깨닫게 되었어요. 또 다른 친구들에게 인정도 받을 수 있었지요. 그러자 언제부터인지 더 이상 남들과 다른 자기 귀에 대해서는 전혀 신경 쓰이지 않게 되었답니다.

모든 부모님들은 우리 아이가 남들에게 뒤쳐지지 않길, 남들보다 빨리 가기를 바랍니다. 아이를 사랑하기 때문이죠. 그래서 많은 부모님들은 조급한 마음에 힘들고 어려운 일을 해결해주려 하세요. 그런데 그렇게 하면 아이가 스스로 해보았을 때만 얻을 수 있는 도전의식과 인내심, 성취감 등을 맛 볼 기회를 빼앗는 거예요. 아이가 더디더라도 동동이 엄마처럼 아이의 발걸음에 맞춰서 조금만 기다려 주세요. 그러면 아이는 스스로 걸음마를 떼고 자신이 원하는 길을 찾아갈 거예요.

아이와 소통하기

자신을 믿는 것이 중요해요

동동이는 무언가를 시작할 때 결과에 대해서는 걱정하지 않았어요. 하고 싶은 것은 무조건 시도해보았죠. 자신감은 이렇게 '나는 주어진 일을 잘 해낼 수 있어!'라고 믿는 마음에서 생겨요. 친구들보다 귀가 짧은 것이 조금 신경 쓰이긴 했지만, 동동이는 그것 때문에 부모님께 짜증을 내거나 혼자서 우울해하지 않았어요. 오히려 어떻게 하면 귀가 빨리 자랄 수 있을지 여러 가지 방법을 고민해보고 행동으로 옮겼지요. 자신의 행동에 대해 믿음이 있었기 때문이에요. 주어진 일을 잘 해낼 수 있다는, 자기를 믿는 마음 말이에요. 이렇게 자신을 믿는 마음이 강한 아이는 자존감도 높답니다.

스스로 해보는 것은 무엇이든 자랑스러운 거예요

서울 시내에 있는 한 초등학교에서는 1학년 때 젓가락으로 콩 옮기기 테스트를 한다고 합니다. 30초 이내에 다섯 개를 옮기면 합격이지요. 별것 아닌 것으로 보이지만, 아이들은 콩 다섯 개를 옮기기 위해 열심히 젓가락질을 연습한다고 해요. 테스트를 통과하고 난 아이들은 신이 나고 자랑하고 싶어서 수업이 끝나면 교문 밖에서 기다리는 엄마를 향해 달려 나온답니다. 아마 아이가 기분 좋은 까닭은 콩을 옮기는데 누구의 도움도 없이 혼자 연습하고, 혼자 테스트에 통과했기 때문이 아닐까요?

우리 아이도 콩 옮기기를 완성한 1학년 친구들이나 《짧은 귀 토끼》의 동동이처럼 누구의 도움 없이 스스로 무언가를 성취해본 경험이 있나요? 이런 성공 경험이 쌓여 아이들은 자신을 긍정적으로 생각할 수 있게 되고, 자신감을 키울 수 있게 된답니다.

아이가 자신이 잘하는 것이 무엇인지 잘 모르고 있다고요? 그렇다면 '우리 아이 사신감 찾기' 프로섹트를 함께 해 보세요. 방법도 간단해요. 빈 종이 한장을 먼저 준비하세요. 그리고 아이가 스스로 자신 있어 하는 것을 적고, 엄마, 아빠도 자녀가 잘하는 것을 적어주는 거예요. 이 활동을 통해 타인의 눈을 통해 아이 자신이 알지 못했던 자신의 장점들을 찾을 수 있답니다.

아이와 활동하기

1. 동동이의 귀가 짧아서 좋았던 점은 무엇이었을까요? 귀가 짧아서 좋은 점들을 찾아 적어보세요.

2. 동동이는 빨리 달리는 것과 높이 뛰는 것이 중요하다고 생각했어요. 여러분도 동동이처럼 중요하게 생각하는 것이 있나요?

3. 내가 잘하는 것은 무엇일까요? 내용이 서로 겹치지 않게 가족과 함께 찾아보세요.

내가 잘하는 것	스스로 찾아주기	엄마가 찾아주기	아빠가 찾아주기

나는 여자예요!

주인공인 '나'는 자신을 정말 멋지고 착하고 귀엽다고 생각합니다. 하지만 음식을 먹을 때는 좀 지저분하게 먹어요. 아이는 달리기도 잘하고, 용감하고, 호기심도 많고, 노는 것도 뭐든 잘해요. 고정관념을 가진 어른들은 그럴 때마다 아이를 남자라고 생각하지만, 아이는 기죽지 않아요. "아니에요! 나는 여자예요! 여자라고요!"라고 당당하게 외칩니다. 자존감이 높은 아이란 어떤 아이인지 잘 알 수 있답니다.

야스민 이스마일 글·그림 | **서소영** 옮김 | **키즈엠**

일등이 아니라도 괜찮아!

고양이 대회를 앞두고 랠프는 항상 잘난 척하는 퍼시를 이기고 싶어 합니다. 하지만 대회가 반이나 지나도록 랠프는 퍼시를 이긴 종목이 하나도 없었어요. 퍼시는 인물도 좋고, 노래도 잘하고, 즉석에서 시도 잘 지었거든요. 반대로 랠프는 모두 꽝이었죠. 시름에 빠진 랠프에게 사라가 말해줍니다. "괜찮아, 랠프. 진짜 네 모습을 보여주면 돼." 결과가 어떻게 됐을까요? 1등은 대회를 완벽하게 준비한 퍼시가 차지했습니다. 그리고 랠프도 '개성 만점 고양이 상'을 받았답니다.

잭 갠토스 글 | **니콜 루벨** 그림 | **박수현** 옮김 | **푸른숲주니어**

02

'나'는 나여서
멋진 거라고요.

당나귀 덩키덩키

로저 뒤봐젱 글·그림
김세실 옮김
시공주니어

　　잘생긴 꼬마 당나귀 덩키덩키는 친구가 아주 많아요.
하루는 친구 패트와 함께 개울에서 물을 먹다가 자신의 귀가 패트보다
길다는 것을 알게 되었습니다. 그때부터 덩키덩키의 고민은 시작되었
어요. 자신의 귀가 우스꽝스럽다고 생각한 덩키덩키는 여러 친구를 찾
아다니며 도움을 청했지요. 친구들은 모두 자신의 귀 모양을 따라 하
라고 말해 주었어요. 그 말대로 이리저리 귀 모양을 바꾸어 보니 기분

이 한결 좋아지는 듯했어요. 하지만 양의 조언대로 귀를 옆으로 하고 다니던 덩키덩키는 그만 커다란 낫에 귀가 걸려 다치고 말아요. 또 돼지처럼 귀를 앞으로 하고 다니다가 앞을 잘 보지 못해 사다리와 부딪치는 사고가 생기고 말아요. 치료를 받아 상처는 아물었지만, 덩키덩키는 행복하지 않았어요.

그러던 어느 날 참새가 "넌 누구도 아닌 바로 너 자신 당나귀야."라고 하는 말을 듣게 돼요. 또 길을 지나던 꼬마는 덩키덩키의 귀가 멋지다고 말하지요. 그제야 덩키덩키는 자신의 본래 모습이 제일 멋있었다는 사실을 깨닫게 돼요. 그리고 있는 그대로 자신의 모습을 사랑하는, 세상에서 가장 행복한 당나귀가 되었어요.

이렇게 읽어요

나는 나다운게 가장 중요해요

그림책의 이야기는 표지에서부터 시작됩니다. 제목과 그림을 보면서 어떤 이야기일지 상상하는 것이 그림책 읽기의 시작이기 때문이에요. 자, 그러면 《당나귀 덩키덩키》의 표지에 있는 덩키덩키는 무엇을 생각하고 있을까요?

작가는 덩키덩키를 "잘생긴 꼬마 당나귀, 귀는 꼭 알맞게 길고, 배가 하얗고 공처럼 동그스름하다."라고 묘사합니다. 하지만 덩키덩키는 패트의 귀와 자신의 귀를 비교하면서 점점 불행하다고 생각하지요. 그래서 다른 동물 친구들을 찾아다니며 의논합니다. 친구들은 모두 자기 귀가 제일 예쁘다면서, 귀를 자기처럼 바꿔 보라고 조언합니다. 그러나 다른 친구들과는 달리 참새 다니엘은 이렇게 말합니다.

"넌 당나귀라고! 당나귀라면 당나귀답게 귀를 쫑긋 세우고 다녀! 짹 짹짹!"

한마디로 당나귀는 당나귀답게 살라는 소리죠. 자신을 객관적으로 바라볼 수 있다는 것은 정말 훌륭한 일이에요. 개의 귀가 아래로 처진 것, 양의 귀가 옆으로 뻗어 있는 것은 다 그럴 만한 이유가 있기 때문이에요. 아이들이 행복하고 건강해지려면 자기 모습을 있는 그대로 사랑할 줄 알아야 합니다. 그리고 아이가 그렇게 할 수 있으려면 부모님이 내면의 힘을 길러줘야 해요.

'난 잘할 수 있어!'라는 생각을 할 수 있게 항상 아이의 주변에서 있는 그대로 인정해줘야 합니다. 또 실패했을 때도 '얼마나 온 힘을 다했는지'를 알아봐 주고 격려해주는 것이 필요합니다. 결과보다는 과정을 공감해 주는 것이 무엇보다 중요하지요. 그럴 때 아이는 세상을 낙관적으로 바라볼 수 있게 되고 실패해 보는 것도 좋은 경험이 될 수 있다고 생각하게 됩니다.

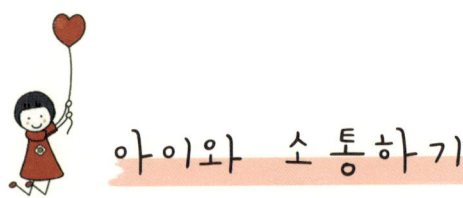

아이와 소통하기

자신의 모습을 사랑하는 방법을 가르쳐 주세요

1968년, 미국의 교육학자 로젠탈(R. Rosenthal)과 제이컵슨(L. F. Jacobson)은 미국의 한 초등학교에서 전교생을 대상으로 지능검사를 했습니다. 그리고 무작위로 명단을 선정하여 담임교사에게 전달하면서 '지적 능력이 뛰어나다'는 거짓 정보를 주었습니다. 그리고 한 해가 끝나갈 무렵 이 학생들을 대상으로 한 번 더 지능검사를 했는데, 결과는 매우 놀라웠습니다. 모든 학생의 평균 점수가 일반 학생들보다 높게 나온 것이었습니다. 학생들의 성적이 오를 것을 기대한 담임교사가 관심과 긍정적인 말로 아이들을 지켜본 결과였던 것입니다. 이것이 바로 '피그말리온 효과(Pygmalion effect)'입니다.

아이들이 자기 자신을 이해하고 존중하는 데 자존감은 매우 중요합니다. 또 자신을 존중하는 사람이 친구도 존중할 수 있게 되므로, 인간관계에도 큰 영향을 미치지요. 자존감은 아이가 양육 과정에서 충분히 사랑받는다고 느낄 때 높아집니다. 특히, 실패해도 누군가로부터 지지를 받을 때 아이들은 사랑받고 있다는 안정감을 더욱 크게 느낄 수 있습니다. 반대로, 부모님들이 다른 아이와 내 아이를 비교할 때 아이들의 자존감은 곤두박질칩니다. 남과 비교하기보다는 인내심을 가지고 지켜봐 주어야 자기 자신을 존중할 줄 아는 아이로 잘 자라납니다.

어른들이 아이들 앞에서 무심코 많이 하는 실수 중 하나는, 타인의 외모를 쉽게 평가하는 행동입니다. 이런 행동을 통해서 아이들은 사람들이 어떤 외모를 좋아하는지도 알게 되지요. 그러면 있는 그대로 자신의 모습을 사랑하기가 어렵게 됩니다. 사람은 누구나 각자의 길이 있고 나름의 아름다움이 있는 것인데, 우리는 너무 일괄적인 기준을 정해서 그 기준에 끼워 맞추려고 하는 것은 아닐까요?《당나귀 덩키덩키》를 통해서 아이들에게 자기 자신의 모습을 사랑하는 방법을 가르쳐 주세요. 자기 자신의 모습을 인정할 때 다른 이들도 아름답게 본다는 사실을 말이에요.

자긍심을 높이는 방법

▷ 지적보다는 칭찬을 : 아이가 한 행동의 결과보다는 과정을 구체적으로

칭찬하는 것이 좋습니다. 칭찬에도 기술이 필요하답니다. (예: "진짜 백조 같이 잘 그렸네~"보다는 "목의 곡선이 진짜 백조처럼 S자 모양이구나! 정말 잘 그렸다."라고 말해 주는 것이 좋습니다.)

▷ 실수했을 때 : 혼을 내기보다는 "좋은 경험이 되었겠구나. 앞으로 더 나아질 거야."라고 격려해주세요.

▷ 아이가 새로운 의견을 냈을 때 : "어떻게 그런 생각을 했니? 정말 멋지다."

▷ 공감해 주기 : 엄마, 아빠가 자신을 지지하고 있다는 믿음을 줄 수 있도록 서로 눈을 맞춘 상태에서 이야기를 들어줍니다.

피그말리온 효과
(Pygmalion Effect, 로젠탈 효과, 자성적 예언 효과)

그리스 신화에 나오는 피그말리온 왕은 뛰어난 조각가로서, 실제 여인보다도 더 아름다운 여신상을 조각하게 되고 그 조각상을 사랑하게 된다. 그가 조각상이 사람이 되기를 간절히 바라자 마침내 그 조각상은 아름다운 여인이 되어 행복하게 살았다는 신화이다. 피그말리온 효과는 이 신화를 바탕으로, 무언가를 열망하거나 진심으로 바라면 그대로 이루어지는 자기충족적 예언 효과 현상을 말하는 것이다.
피그말리온 효과는 '로젠탈 효과(Rosenthal Effect)'라고도 한다. 로버트 로젠탈과 레노어 제이컵슨이 시행한 이 실험의 결과와 효과에 대해 로버트 로젠탈 박사의 이름을 붙여 명명하였다.

 아이와 활동하기

1. 늘 행복해하던 덩키덩키는 친구와 함께 물가에서 물을 마시고 난 뒤부터, 자기 귀가 싫어졌습니다. 그 이유는 무엇인가요?

2. 덩키덩키가 귀 모양에 대해서 고민을 얘기했을 때, 친구들이 어떤 도움말을 해주었나요? 알맞게 짝지어 보세요.

개 ●   ● 양옆으로 눕어서 다녀

양 ●   ● 앞으로 내려. 그럼 해도 가리고 좋아

돼지 ●   ● 늘어지게 하고 다녀

3. 친구들이 가르쳐 준 대로 행동한 덩키덩키에게 무슨 일이 벌어졌나요?

종이 봉지 공주

종이 봉지 공주는 사랑하는 왕자를 위해서라면 못 할 게 없어요. 위기에 처해서도 자신을 미처 돌보기 전에 왕자님을 구하러 나섰어요. 종이 봉지 공주는 사랑 앞에 무서울 것이 없어요. 무시무시한 용을 만나지만, 지혜를 발휘해 용의 기운을 쏙 빼놓기도 하지요. 드디어 사랑하는 왕자님과 마주했어요. 하지만 왕자님은 공주의 지저분한 모습만 보고 말지요. 앞으로 공주는 어떤 선택을 하게 될까요? 공주는 누구를 위한 삶을 살게 될까요?

로버트 문치 글 ┃ **마이클 마첸코** 그림 ┃ **김태희** 옮김 ┃ **비룡소**

물고기는 물고기야

두 마리의 어린 물고기가 있습니다. 둘은 매일 같이 놀며 시간을 보내고 있었습니다. 그런데 어느 날 한 친구에게 뒷다리가 생기고 마침내 앞다리까지 생기면서 자신이 개구리라는 것을 알게 됩니다. 개구리는 세상 구경을 다녀와 친구 물고기에게 두 다리로 걷는 사람 이야기, 하늘을 나는 새 이야기를 하지요. 너무 궁금한 물고기는 세상으로 구경을 나갑니다. 그러다 죽을 위기에 처하지요. 그 일로 자기 자신이 사는 세상과 자신에 대해 새로운 이해를 하는 계기가 됩니다.

레오 니오니 글·그림 ┃ **최순희** 옮김 ┃ **시공주니어**

다 잘하지 못해도
괜찮아요!

윌리와 악당 벌렁코

앤서니 브라운 글·그림
허은미 옮김
웅진주니어

《윌리와 악당 벌렁코》의 작가 앤서니 브라운은 어릴
때 몸집이 매우 작았다고 합니다. 그래서 어떤 놀이를 하든지 늘 형에
게 질 수밖에 없었어요. 형은 덩치도 크고 나이도 많았으니까요. 그래
서 신나게 놀면서도 때로는 소외감이나 열등감을 느꼈답니다. 그래서
일까요? 이 책에 등장하는 윌리와 빌리는 왠지 작가의 어릴 적 모습을
떠 올리게 합니다.

주인공 윌리는 친구들보다 덩치도 작고 성격도 조용하고 얌전합니다. 특별히 잘하는 것은 없지만, 감성이 매우 풍부한 아이였어요. 그런데 친구들은 작은 윌리를 놀리고 괴롭힙니다. 축구를 할 때면 공을 세게 차서 윌리를 골대 밖으로 날아가게 하고, 수영장에서는 물에 빠뜨리면서 못살게 굴지요. 그렇지만 윌리는 자기가 하고 싶은 것을 못 하는 아이가 아니었어요. 윌리는 언제나 최선을 다했지요. 또 자신의 감정을 솔직하게 잘 드러냅니다. 영화를 보다가 슬픈 장면이 나오면 눈물을 흘리고, 기쁜 일이 있으면 환한 웃음을 지으면서 자신의 감정을 표현하지요. 또 상상력도 풍부해서 여자 친구 몰리와 숲속을 걸을 때도 머릿속에는 항상 재미난 일들로 가득 차 있습니다. 그러던 어느 날 우연히 윌리가 악당 벌렁코와 박치기를 하는 바람에 벌렁코가 울게 되었어요. 친구들은 모두 윌리를 추켜세우며 대단하다고 야단들이었죠. 그렇지만 윌리는 쑥스러워할 뿐 그것으로 우쭐대지는 않았어요.

이렇게 읽어요

잘하지 못해도 괜찮아요

이 책의 표지에는 월리와 친구들이 자전거 경주 준비를 하는 모습이 있어요. 월리의 몸집은 친구들보다 훨씬 작습니다. 그런데 다른 친구들이 모두 "시작!" 하면 바로 튀어나갈 듯이 앞만 쳐다보고 있는 데 반해, 월리만 여유로운 모습으로 고개를 돌려 씩 웃고 있네요. 시합의 결과보다는 그 과정을 즐기는 듯한 모습이지요.

평소에도 월리의 일상은 매우 평화로워요. 월리는 꽃이 한가득 그려져 있는 소파에 누워 한가롭게 날아가는 나비를 보는 것을 좋아해요. 그럴 때면 월리는 늘 행복한 미소를 짓지요. 평화스럽고 고요한 이런 장면은 월리보다 그의 여자 친구 몰리가 있는 것이 더 어울릴 듯해 보이기도 해요. 많은 사람이 남자답다고 생각하는 모습과는 다른 모습이니까요. 그러나 월리는 자신감 있게 자신을 표현함으로써 사람들의 편견을 날려 버렸어요.

이번에는 축구를 하고 있는 월리를 보세요. 저런! 친구가 찬 공에 맞아 월리가 골대 밖으로 튕겨 나가버렸네요. 이 장면에서는 월리의 약한 모습을 볼 수 있어요. 하지만 월리는 늘 최선을 다하려 노력한답니다.

있는 그대로 느끼고 표현해 봐요

옛말에 남자는 태어나서 세 번만 운다는 이야기가 있죠. 남자는 자신의 감정을 함부로 드러내면 안 된다는 뜻이에요. 하지만 사람의 감정이 기쁨, 슬픔, 두려움, 희열 등 너무나 다양한데, 어째서 어떤 감정은 표현해도 되고 어떤 감정은 숨겨야 하는 걸까요? 우리의 모든 감정은 다른 사람에게 크게 방해가 되지 않는다면 느끼는 그대로 표현하는 것이 아이들의 정신 건강에 좋아요.

혹시 슬픈 감정이 들 때 주변 사람을 의식해 몰래 눈물을 참아 본 적이 있나요? 영화를 보면서 울고 있는 윌리를 보세요. 자기감정에 무척 충실해 보이지 않나요?

누구보다도 영화에 푹 빠져서 슬픔을 드러내는 윌리가 정말 멋져 보이네요. 오히려 다른 친구들은 윌리를 놀리느라 영화에 집중하지도 못하고 있군요.

그림 속의 작은 그림을 찾아보세요

벌렁코는 많은 친구 가운데서도 유난히 험악한 인상이에요. 벌렁코가 위에서 아래를 내려다보고 있는 모습은 책을 읽는 아이들도 그 위압감을 그대로 느낄 정도로 말이에요.

그런데 벌렁코가 쓰고 있는 모자에 그려진 스마일 표정을 통해서, 아이들은 그림 속에 또 다른 그림을 볼 수 있어요. 벌렁코가 웃을 때는 스마일도 같이 웃고, 벌렁코가 울면 스마일도 함께 운답니다. 스마일의 표정을 통해서 벌렁코의 기분을 알 수 있는 거예요. 월리와 박치기를 한 후 울면서 엄마를 찾으며 집으로 가는 벌렁코의 뒷모습을 보면서, 우리는 벌렁코도 월리처럼 어린 소년이었다는 사실을 깨닫게 되죠.

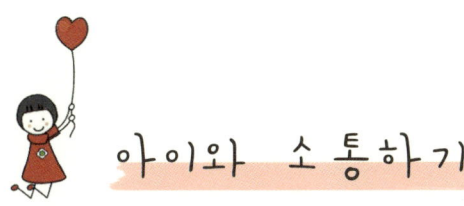

아이와 소통하기

'여자는 여자답게! 남자는 남자답게!' 보다는 '나답게!'

초등학교 4학년 남동생이 누나가 사용하던 분홍색 캐릭터 지갑을 물려받아 쓰게 되었어요. 그런데 학교에서 돌아온 아이가 "엄마, 애들이 여자 색깔이라고 놀려요!"라고 하는 게 아니겠어요? 이런 고정관념은 부모님 대부분이 여자아이는 분홍 공주님, 남자아이는 파란 왕자님으로 키우기 때문에 생겨납니다. 장난감 역시 여자아이는 인형, 남자아이는 로봇이라는 공식이 통용되고 있지요. 그러다 보니 어떤 여자아이는 그림을 그릴 때 온통 분홍색 계열만 사용하는 경우도 있어요. 이런 아이는 어른들의 고정관념에 의해 색에 갇힌 아이가 된 것이죠.

'여자는 여자답게! 남자는 남자답게!'보다는 '나답게' 자라는 것이 중요하지 않을까요? 월리가 소파에 누워 있는 첫 장면은 남성적이기보다는 여성적이라는 느낌을 더 많이 받을 수 있어요. 하지만 부모님들이 '여자가 그게 뭐니?', '남자는 울면 안 돼!'라는 말로 성 역할을 구분하고 규정짓는 순간, 아이들은 한 사람으로서의 행동 규범을 배우는 대신 성별에 의한 불공정한 편 가르기를 하게 됩니다. 그래서 남자는 자기감정을 모두 보여주면 안 된다는 무의식이 '강인한 남성'과 같은 신화를 만들게 되는 것이지요.

윌리는 특별히 잘하는 것은 없지만, 늘 최선을 다하고 자신의 감정에 충실합니다. 그래서 친구들이 자신을 괴롭히거나 심하게 장난쳐도 크게 개의치 않죠. 아마 윌리의 부모님은 윌리가 어떤 이야기를 해도 귀 기울여 들어 주고, 윌리의 모든 감정에도 하나하나 반응을 보이면서 공감해 주었을 것 같네요. 그게 바로 윌리가 주변 환경에 흔들리지 않고 언제나 당당하게 자신이 하고 싶은 일을 하면서 감정에 충실할 수 있는 이유랍니다. 자신의 마음을 읽을 줄도, 표현할 줄도 모르는 사람이 타인의 마음을 이해하는 건 매우 힘든 일이지요. 그런 사람들은 말싸움이나 힘겨루기로밖에 자신의 의견을 표현할 줄 모르게 됩니다. 윌리가 쉽게 상처받지 않고 언제나 당당할 수 있는 이유는 자존감이 높기 때문입니다. 자존감이 높다는 것은 모르는 것을 있는 그대로 인정하고 부끄럽게 생각하지 않는 것이지요. 그래야 나의 문제점을 받아들이고 객관적으로 평가할 수 있으니까요.

그런데 일반적으로 부모님이 자존감이 높으면 아이들도 그것을 똑같이 따라갑니다. 무의식적으로 부모님의 대화나 행동을 보면서 배우기 때문이에요. 이렇듯 무의식적으로 좋아하는 사람의 행동을 따라 하는 인간의 심리를 '거울 효과' 또는 '동조 효과'라고 합니다. 부모가 아이의 감정을 읽어줄 때 자녀는 그것을 보고 감정을 읽는 법을 배울 수 있답니다. 그래서 부모님과의 대화를 통해 지지와 이해를 받으면서 감정 읽는 법을 꾸준히 익힌 친구들은 자존감이 높을 수밖에 없어요. 그러면 타인의 말에 흔들리기보다는 자신이 어떤 것을 할 수 있고, 무엇을 좋아하는지, 그리고 무엇을 하고 싶어 하는지, 자기 자신에게 더 집중할 수 있게 되는 것이지요. 아이들은 윌리를 통해서 자기 자신을 이해하고 표현하는 용기를 배우면서, 다른 친구들도 잘 이해하는 아이로 성장해 갈 것입니다. 또 진정한 용기와 강인함은 근육이나 힘자랑이 아니라는 것도 알게 될 거에요.

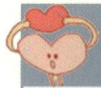

거울 효과(Mirror Effect)

호감을 느끼는 사람의 행동을 무의식적으로 따라 하는 인간의 심리. 거울 효과를 통해서 나에 대한 상대방의 호감도를 알 수 있다. 그뿐만 아니라 나 역시 상대방의 행동을 비슷하게 따라 함으로써 나에 대한 상대방의 호감도를 높일 수도 있다.

아이와 활동하기

1. 월리가 등장한 그림을 보면서 월리가 무엇을 좋아하는 아이인지 생각해 보세요.

2. "월리는 축구를 정말 못했어요. 하지만 애는 썼어요."라는 말에서 알 수 있는 월리의 성격은 무엇일까요?

3. 친구들은 모두 '눈물 없이 볼 수 없는 영화'를 보며 울고 있는 월리를 놀려대고 있어요. 월리의 기분은 어땠을 것 같나요?

빨강이 어때서

하얀 엄마와 까만 아빠 사이에서 빨강이가 태어났습니다. 그런데 엄마는 빨강이에게 매일 흰 우유를 먹이면서 빨강이가 하얘지길 바랍니다. 아빠도 빨강이에게 까만 생선을 주면서 빨강이가 까매지기를 바라지요. 하지만 꼭 부모님과 똑같이 닮을 필요가 있을까요? 다행히도 엄마, 아빠와는 다르게 빨강이는 자신이 남과 다르다는 것을 무척 좋아합니다. 이 책은 아이들에게 남들과 다른 것이 틀린 것이 아니라 자신만의 개성이라는 사실을 알게 합니다. 자아 형성기에 있는 아이들에게 자신을 사랑하는 것은 너무나도 당연한 일이라는 인식을 심어주지요.

사토신 글 | **니시무라 도시오** 그림 | **양선하** 옮김

축구선수 월리

축구선수인 월리는 경기를 뛰어 본 적이 없습니다. 월리는 축구화가 없어서 축구를 못한다고 생각하죠. 하지만 꿈과도 같은 어느 날 헌 축구화가 생깁니다. 너무 신난 월리는 매일매일 축구 연습을 합니다. 그러던 어느 날 선수로 뛸 수 있는 기회가 오지만 너무 서두르는 바람에 축구화를 챙기지 못했죠. 월리는 몹시 당황합니다. 자신의 축구 실력은 다 축구화 때문이라고 생각하기 때문이지요. 축구화 없이 경기에 나간 월리는 어떻게 되었을까요?

앤서니 브라운 글 | **웅진주니어**

04

나는 소중하니까요!

나도 자존심 있어!

홍준희 글
김중석 그림
주니어랜덤

'자존감'이란 나 자신이 존중받을 만한 가치가 있다고 여기는 마음입니다. 사랑받고 있다는 느낌, 존중받고 있다는 확신이 있을 때 아이들의 자존감은 강해집니다. 자존감이 중요한 이유는 삶을 긍정적으로 생각하게 하고 목표와 성취를 즐길 수 있도록 해주기 때문이에요. 작은 성취감이 쌓이면 자신에 대한 믿음이 생기고, 이러한 믿음은 아이가 행복한 삶을 살아가는 힘이 되겠지요.

단편집《나도 자존심 있어》에 실린 이야기들은 자존감의 의미를 터득해가는 네 아이의 솔직 발랄한 이야기를 그리고 있습니다. 그중 '날아다니는 돈가스라 놀리지 마'의 주인공 다은이는 뚱뚱한 외모로 인해 학교에서 친구들에게 놀림을 받습니다. 부모님께 고민을 말해 보기도 하지만 그럴 때마다 부모님은 늘 자신감을 가지고 당당해지라는 말씀만 하십니다. 결국 다은이는 학교에 가서도 교실에 들어가지 못하고 학교 도서실로 향합니다. 그리고 그곳에서 사서 선생님과 이야기를 나누면서 고민을 해결할 지혜를 얻게 되지요. 그 지혜는 바로 자신만이 잘 할 수 있는 일을 찾아 신나게 하는 것이었어요.

그날 오후, 학교 방송 반에서 다은이네 반을 취재하러 왔을 때, 다은이는 자신을 찾아 온 담임선생님과 교실로 올라갔어요. 다은이는 신나는 음악에 맞추어 자신이 뚱뚱하다는 사실을 잊어버릴 정도로 열심히 율동을 했고, 최고의 화면을 제공하게 되었습니다.

이처럼 내가 신나게 하면 곧 즐거운 일이 되는 것이고 내가 나를 소중히 하는 만큼 멋진 사람이 되는 것입니다. 자존감의 의미를 깨달아가는 솔직하고 발랄한 다은이의 이야기를 통해 아이들은 자신의 소중한 모습을 발견하고, 진정으로 자기를 사랑하는 방법을 배울 수 있습니다.

이렇게 읽어요

아이의 마음을 읽어 주세요

　다은이는 아침에 일어나는 것이 너무 힘들었어요. 학교 가는 게 무척 싫기 때문이지요. 자신을 '날아다니는 돈가스'라고 놀리는 아이들을 생각하면 화가 나고 속상합니다. 엄마는 다은이에게 "아이들이 너를 놀리면 더 당당하게 맞서야지. 피한다고 문제가 해결되니? 그래 나 뚱뚱하다. 내가 뚱뚱하다고 너희들한테 피해 준 거 있냐?"라고 따지라고 말합니다. 하지만 이렇게 맞서 보아도 다은이는 약만 오르고 얼굴이 벌게지기만 합니다.

　이런 다은이를 어떻게 도울 수 있을까요? 친구들의 잘못을 따지는 것이 먼저 일까요? 문제를 해결하는 것도 중요하지만 다은이의 마음에 공감해 주는 것이 가장 먼저입니다. 자존감이 무너져 있는 다은이에게는 지금 어떤 행동을 해도, 무슨 얘기를 해주어도 귀에 들어오지 않을 것입니다. 지금 자신이 뚱뚱하기 때문에 사람들이 모두 자기를 무시한다고 생각하고 있어요. "뚱뚱하기 때문에 줄넘기도 못한다", "뚱뚱하기 때문에 늦잠 잔다", "뛰어가면 땅 꺼진다", "머리를 짧게 자르면 얼굴이 더 커 보인다" 등 자신을 두고 하는 주변 사람들의 말들은 온통 외모와 관련된 얘기뿐인 것 같아서 다은이는 슬프고 외롭고 무기력한 것입니다.

이럴 땐 먼저 아이의 마음을 읽어야 합니다. 공감이란 다른 사람의 행동이나 감정을 이해하고 그 사람의 입장이 되어 느끼는 것이지요. 진심 어린 공감은 상대의 마음을 따뜻하고 편안하게 해 주고 외로움과 고통을 이겨 낼 수 있는 힘을 줍니다. 그뿐만 아니라 무기력한 마음을 일으키고 자신감을 불어 넣어주지요. 공감해 주는 사람이 곁에 있다는 것만으로도 때로는 큰 힘이 됩니다. 다은이에게 필요한 것은 바로 자신의 마음을 공감해 줄 수 있는 사람인 것이지요.

아이들은 자신의 감정을 표현하는 데 아직은 서툽니다. 때로는 자신이 겪고 있는 그 감정을 어떻게 말로 표현해야 하는지 모르는 경우도 많고, '두렵다' '쓸쓸하다', '무섭다', '외롭다' 등 감정을 말로 표현하는 것을 낯설어하지요. 그래서 어른들이 아이들과 대화할 때 먼저 마음을 공감해주고 감정을 자연스럽게 말로 표현하면 아이들은 이것을 배우게 됩니다. 그러면서 아이들도 친구들의 마음을 공감할 수 있는 능력이 생기고 자신의 감정도 말로 표현할 수 있게 되지요.

'아름다움'이라는 꽃은 마음에서 피어나요

다은이는 외모가 뚱뚱해서 자신감이 없었어요. 뚱뚱한 외모가 문제가 아니라 자신의 아름다움을 모르는 게 더 큰 문제가 되겠지요. 하지만 다은이에게만 문제가 있다고 말할 수 없습니다. 외모로 평가하는 일은 우리 사회에서 흔히 볼 수 있는 문제이기 때문이지요. 못생겼다는 이유로 자신의 능력을 정당하게 인정받지 못하고, 심지어는 기회조차 얻지 못합니다. 또, 타인에게 놀림과 모욕을 당하며, 누명을 쓰거나 지은 죄 이상으로 비난을 받기도 합니다. 심지어 취업 등 생존권까지 위협받게 하는 경우도 흔치는 않지만 분명히 발생하고 있습니다. 이러한 사회 문제가 남녀노소 외모에 집착하게 만드는 것이에요.

외모로 인해 자신감을 잃은 다은이에게 사서 선생님은 "다은이만 가진 지혜와 밝고 명랑한 웃음과 끼로 사람들을 사로잡는 거야"라며 자신만이 잘 할 수 있는 것을 찾아 신나게 하라고 말씀해 주십니다. 다은이는 이 말에 자신감을 얻어 전교생 앞에서 학급을 소개하는 시간에 신나게 음악에 맞춰 춤을 춥니다. 뚱뚱하다는 사실을 잊을 정도로 말입니다. 그날 집으로 돌아가는 길에 1학년 동생이 "저 언니 진짜 춤 잘 춘다. 정말 멋졌어"라는 말을 우연히 듣게 되지요. 다은이의 자신감은 또 다른 멋짐으로 드러난 것입니다.

외모는 보여지는 것일 뿐 그 안에 어떤 것을 담느냐에 따라 다른 존재가 될 수 있습니다. 자신을 비춰주는 가족이나 친구, 다른 사람의 평가에 우리는 자신의 모습을 이해하고 담아 놓으려고 하지요. 하지만 실제 나의 모습은 자신 스스로가 제일 잘 알아요. 그래서 나만이 가진 보물들을 찾아야 하고 내가 잘 할 수 있는 것을 찾아 즐겁게 할 때 행복할 수 있습니다. 뿐만 아니라 아이들에 겉모습보다는 그가 가진 내면의 아름다움을 보려고 노력하고 항상 그 점을 들어 칭찬할 때 아이들은 자신을 사랑하는 멋진 사람이 될 수 있다는 것을 기억해야 합니다.

아이와 소통하기

'할 수 있다'고 말하다 보면 결국 해낼 수 있어요

주변에서 내가 가지지 못한 것을 가지고 있고, 내가 할 수 없는 것을 잘 하는 사람을 보면 마냥 부럽기만 합니다. 내가 잘 할 수 있는 것, 내가 가진 것은 잘 보이지 않습니다. 사람들은 자신이 남보다 못하다는 생각이 들 때 불행하다고 생각합니다. 다은이는 친구들보다 줄넘기를 못해 부끄러웠어요. 놀림을 받을까 걱정하다가 또 줄넘기 줄을 밟자 울음을 터뜨리고 맙니다. 이렇게 남과 비교해서 내가 불행해 진다면 자존감이 없는 것이지요. 자존감은 자신을 당당하고 떳떳하게 지키는 마음입니다.

어른들은 아이들이 스스로 잘 할 수 있는 일과 신나게 할 수 있는 일을 생각해보고 찾도록 도와주어야 합니다. 그리고 그 일을 조금씩이라도 실천할 수 있도록 응원해 주세요. 최선을 다하고 있는 힘을 다하면 실패해도 부끄럽지 않고 두렵지도 않다는 것을 경험하게 되고, 오히려 세상을 향해 계속 도전함으로써 자신의 존재 가치를 깨닫게 됩니다.

'나는 할 수 있다'는 자신에 대한 무한한 긍정이야 말로 자존감을 지키는 마음(비법)입니다.

칭찬은 마음을 주는 것입니다

다은이의 이야기 중 마지막 장면은 지나가는 1학년 학생이 다은이를 가리키며 "저 언니 춤 정말 잘 춘다. 정말 멋졌어!" 하고 칭찬하는 말을 다은이가 우연히 듣는 것으로 마무리됩니다. 글에는 나타나지 않지만 다은이가 기뻐하는 마음이 느껴집니다.

칭찬은 이렇듯 모두의 마음을 부자로 만들어 줍니다. 내 마음을 아끼지 않고 네 마음과 같다는 뜻을 전해주는 것과 같습니다. 아이들에게 칭찬을 통해 마음을 전해 주세요. 마음은 보이지 않기 때문에 표현하지 않으면 알 수 없습니다. 칭찬은 조건이 없답니다. 그냥 좋아해 주는 것이지요. 내가 하지 못한 일을 한 사람에게 존경하는 마음을 표현하는 것이랍니다. 그래서 칭찬을 받을 땐 행복하고 자신을 사랑하게 됩니다. 따라서 자신을 사랑하는 아이, 자존감 있는 아이로 키우고 싶다면 칭찬을 많이 해 주세요.

 아이와 활동하기

1. '나는 잘 못해요' 에서 '나는 잘 할 수 있어요' 로 바꾸어 보세요.

예) "나는 줄넘기를 못해" ──────▶ "나는 춤을 잘 춰"

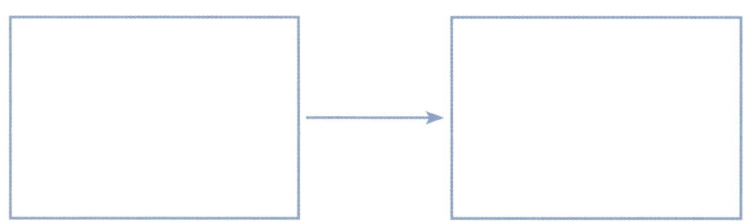

2. 가족이나 친구들의 칭찬할 점은 무엇인가요?

관계	이름	칭찬할 내용
가족		
친구		

3. "내 안에서 보물찾기"

– 나를 칭찬해 보세요. 내가 가진 장점을 찾아 적어보고 예쁜 보물 상자에
담아보세요.

보이지 않는 아이

친구들 사이에서 투명인간 취급을 받는 브라이언이 친구를 사귀며 자존감을 회복하고 자신만의 개성을 찾아가는 과정을 그린 책입니다. 흑백이었던 브라이언이 점차 자신의 색깔을 온전하게 찾게 되면서, 있는 듯 없는 듯 생활하는 아이에게 진전 필요한 것이 무엇이지 생각하게 합니다. 그것은 주변의 관심과 작은 친절이란 사실을 자연스럽게 알려주면서 우리 주변에 더 이상 보이지 않는 아이가 없는 세상이 오기를 바라는 마음이 담겨 있습니다.

트루디 루드위그 글 ｜ **패트리스 바톤** 그림 ｜ **천미나** 옮김 ｜ **책과콩나무**

친구가 필요해

주인공 은애는 지저분하다는.이유로 따돌림을 당하지만 당당하게 자신의 의사를 밝히는 멋진 아이에요. 혼자 지내는 것이 즐겁지 않은 은애는 이모와 대화를 하면서 자신을 변화시키게 됩니다. 은애가 좋은 친구가 되기 위해 노력하는 모습을 통해 친구 마음을 이해하는 법을 배울 수 있습니다. 이 이야기는 이러한 고민을 안고 있는 어린이들에게 내 마음을 터놓을 친구를 사귀게 되는 과정을 보여주는 마음 따뜻한 책입니다.

박정애 글 ｜ **김진화** 그림 ｜ **웅진주니어**

05

느끼는 대로
자유롭게 표현해 보아요

느끼는 대로

피터 레이놀즈 글·그림

엄혜숙 옮김

문학동네

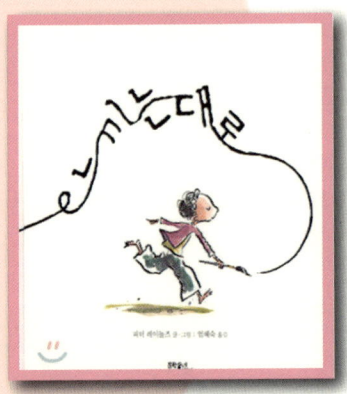

우리는 어떤 것을 보거나 들었을 때 생기는 감정이나 생각을 '느낌'이라고 합니다. 이 책은 자신의 감정을 그대로 이해하고 자유롭게 표현하는 것의 중요성을 일깨워 줍니다. 주인공 레이먼은 그림 그리기를 아주 좋아합니다. 그러나 레이먼이 꽃병을 그리고 있을 때 형 레온은 "도대체 뭘 그리는 거야?"라며 놀립니다.

미술 시간에 있는 그대로 똑같이 그려야만 잘 그린 그림이라고 칭찬해 주고 높은 점수를 주던 우리 어른들의 모습이 떠오릅니다. 이렇게 고정화된 미술 수업은 어떤 문제가 있을까요? 아이들의 상상력 발달과 자신의 감정 표현 능력을 방해합니다. 레이먼 역시 주어진 사물들을 똑같이 그리려 하지만, 쉽지 않습니다. 그러자 "이제 안 해!"라면서 좋아하던 그림 그리기를 싫증 냅니다. 그러나 우연히 마리솔의 방을 보게 되었는데, 벽에 붙어 있는 그림들을 보고 레이먼은 매우 놀라게 되지요. 마리솔의 방에는 레이먼이 그리다 버린 그림들로 전시되어 있었답니다. 마리솔은 레이먼의 그림이 사물들과 똑같지는 않지만, '느낌'을 잘 표현하고 있다고 말합니다. 마리솔의 말을 듣고 레이먼은 자신만의 느낌으로 그림을 다시 보기 시작합니다. 결국, 레이먼은 깨닫게 되지요. 느낌을 담아 글을 쓰며 자신의 감정을 자신만의 느낌으로 표현해 내는 것이 진정한 행복이란 것을요.

예술이란 말이 거창하게 들릴 수 있습니다. 그러나 이 책에서는 거창한 예술을 말하는 것이 아닙니다. 아이들의 생각과 감정이 다양함에 따라 '자기감정'을 느끼는 대로 이해하고 표현하는 것이 중요하다는 것을 말하고 있습니다.

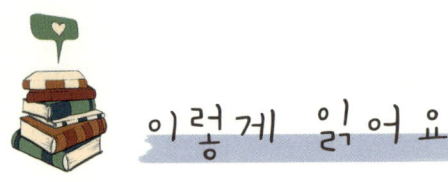

이렇게 읽어요

마음에서 느낀 감정에 점수를 매겨 보세요

이 책을 읽기 전에 아이가 감정이 들어간 표현을 얼마나 알고 있는 지를 알 수 있는 놀이가 있답니다. 바로 감정과 관련된 '단어 말하기 놀이'랍니다.

아이는 놀이를 하면서 다양한 감정 단어들을 알 수 있습니다. 그러나 아이가 감정 단어를 어려워한다면 감정과 관련된 단어들을 직접 말해 주셔도 됩니다. 이 놀이의 목적은 감정에는 다양한 종류의 표현이 있 다는 것을 아이가 알게 해주는 데 있기 때문입니다. 두 번째는 슬픈 느 낌, 바람 느낌, 신나는 느낌, 행복한 느낌 등의 다양한 느낌 단어를 말 하게 해 주세요. 그리고 자신이 생각한 느낌에 대한 생각을 글이나 그 림으로 자유롭게 표현한 카드로 만들기를 해 보세요. 아이가 생각하는 다양한 느낌의 표현을 보실 수 있답니다. 세 번째는 아이가 표현한 느 낌 카드 그림에 '살랑살랑', '우르릉 쾅쾅' 등과 같은 흉내 내는 말을 넣 어서 문장으로 표현하게 해 보시기 바랍니다.

예를 들면, '행복한 느낌'의 그림을 표현했다면, '엄마가 주방에서 뽀 글뽀글 맛있는 저녁을 준비해요.' 그럼 아이는 자신이 느낀 감정을 좀 더 재미있게 표현하고 구체화하여 생각하고 이해할 수 있게 된답니다. 왜냐하면, 이 책의 저자는 그림이라는 예술을 통해 자신이 보는 대로 느낀 감정을 이해하고 자유롭게 표현하는 것이 중요하다고 말하기 때문이지요. 또 마리솔이 레이먼에게 사물의 느낌이 닮았다고 말합니다. 이 말을 들은 후 레이먼 역시 자기 그림에 대한 생각을 바꿉니다. 특히, 마리솔은 자신의 감정에 어떤 규정을 짓지 않고 있는 그대로 이해하며 자유롭게 표현해야 한다고 합니다. 똑같이 그린 그림이 아닌 느낌이 살아 있는 그림을 볼 수 있는 마리솔이 대단하죠. 그러면서 사물들과 세상의 모든 것을 자기의 감정대로 마음껏 표현하는 레이먼이 진심으로 부러워집니다. 레이먼만의 특별한 느낌의 그림이지만, 그림을 보는 이도 무엇을 그렸는지 알 수 있는, 아니 느낄 수 있어서죠. 왜냐하면, 레이먼이 마음에서 느낀 감정에 특징을 살려 표현하고 있기 때문이랍니다.

자신의 감정을 표현해내는 레이먼에게 10점 만점에 점수를 주는 거라면 몇 점을 줄 수 있을까요? 그렇다면 오늘 나의 기분에 점수를 준다면 몇 점을 줄 수 있을까요? 얼마 동안의 기간을 정해 놓고 나의 감정에 대한 점수를 자기에게 매겨 보세요. 예를 들어 하루의 아침과 저녁을 일주일 정도 정해 놓고 점수를 줘보세요. 그럼 평소 나는 화를 많이 내는지, 웃는 모습이 많은지, 나 자신의 모습을 생각해 볼 수 있을 것입니다.

어떻게 생각하느냐에 따라 기분이 달라집니다

레이먼의 행동과 말을 통해 자신이 생각하고 느끼는 것의 표현이 중요하다는 것을 알 수 있습니다. 스스로 변화된 레이먼의 감정을 살펴볼까요? 처음 레이먼은 언제나 어디서나 자신이 느낀 것을 그림으로 표현하며 아주 행복해합니다. 그러다가 형 레온이 "도대체 뭘 그리는 거야?" 하고 웃음을 터뜨립니다. 형의 비웃음에 레이먼은 '똑같이' 그리려고 하면서 자신에게 좌절감을 느끼게 됩니다. 이 장면에서 말이 주는 상처를 생각해야 합니다. 깊이 생각하지 않은 사소한 말로 레이먼의 형처럼 아이들에게 좌절감을 주는 말은 하지 않았나요? 또한, 우리 아이가 가장 행복해하며 좋아하는 것은 무엇일까요? 반면 어떨 때 우리 아이는 좌절감을 느낄까요? 우리 아이가 좌절감을 느꼈을 때 우리는 어떤 행동과 말을 하고 있을까요? 이 책의 주인공인 레이먼은 좌절감을 느낄 때 동생 마리솔의 말을 듣고 다시 즐겁고 신이 납니다. 바로 마리솔 방 벽에 붙은 그림 중 하나를 가리키며, "내가 제일 좋아하는 그림이야."라고 말합니다. 그러자 레이먼은 "꽃병을 그렸는데 …… 꽃병처럼 보이지 않아."라고 말합니다. 그러나 마리솔은 "그래도 꽃병 느낌이 나는 걸." 이 말을 듣고 레이먼은 지금까지와는 전혀 다른 눈으로 자신의 그림을 보게 됩니다. 그러면서 자신이 느낀 것을 자꾸 그리고 싶어 합니다.

　아이들 스스로 자신이 좋아하는 것을 할 때와 싫어하는 것을 할 때의 마음이 다릅니다. 그래서 어떻게 다른지 생각하는 시간은 그 무엇보다 중요합니다. 아이들 자신이 생각하고 느낀 것은 자신의 감정을 이해하고 표현한 것으로 소중하게 생각하게끔 말해 주어야 합니다.

아이와 소통하기

마음껏 표현하는 즐거움을 주세요

이 책의 작가인 피터 레이놀즈는 《점》이란 책을 통해서도 점 하나가 아이들의 훌륭한 작품이 된다는 것을 말해 주고 있습니다. 《점》에서 하얀 도화지를 앞에 놓고 머뭇거리는 주인공을 통해 작가는 어린이들에게 용기와 자신감을 심어줍니다. 결국, 《점》이란 책에서 작가는 용기와 자신감을 말해 주고 있다면, 이 책에서는 자신의 감정을 '느끼는 대로' 마음껏 표현하는 즐거움은 행복하다는 것을 다시 깨닫게 해 줍니다.

우리는 가끔 아이들에게 '느끼는 대로' 그린 그림을 보고 놀라곤 하죠. 비뚤비뚤한 선이지만, 아이들의 그림에는 우리들이 생각하지 못한 상상력과 감수성이 가득하기 때문입니다. 우리 어른들은 생각하지 못했던 창의적인 생각을 표현하지요. 우리 아이들이 무엇을 느끼고 표현하는 것에 즐거움을 주세요. 그러면 상상력이 기초가 되는 아이들의 사고력이 폭넓게 발달할 것입니다.

자신의 감정을 정확하게 이해하는 아이로 키워 주세요

우리 때와 달리 요즘은 아이들의 개성을 많이 존중해 준다고 합니다. 그러나 아직도 획일화된 수업이 많은 것 같습니다. 획일화된 수업에서 아이들의 창의성을 어떻게 자라게 할 수 있을까요? 우리는 아이들의 창의성이 중요하다고 말합니다. 그러나 아이들의 생각이 자유롭게 자랄 수 있도록 어떤 방법으로 하고 있는지 생각해 보아야 합니다. 중요한 것은 아이들에게 자신의 감정을 정확하게 이해하게 해 주는 것입니다. 이 책의 저자는 주인공 레이먼을 통해 독창성과 창의성은 자신이 본 것을 자기식대로 느끼고 표현하는 데 있다고 했습니다. 즉, 자신의 감정을 정확하게 이해하고 자기식대로 느끼고 표현해야 레이먼처럼 자신의 삶에 행복을 느낄 수 있다는 것입니다.

아이와 활동하기

1. 사람들은 똑같은 사물을 보고도 각자 다르게 느낀답니다. 다음 그림 의 〈보기〉에서 제목을 골라 자신의 느낌을 자유롭게 표현한 그림을 그 려 보세요.

〈보기〉

슬픈 느낌, 공기 느낌, 바람 느낌, 불안한 느낌, 신나는 느낌, 화난 느낌 등

나무 느낌   집 느낌   배 느낌

오후 느낌   물고기 느낌   해 느낌

2. 자신이 그린 '느낌을 표현한 그림'을 나만의 문장으로 묘사해 보세요.

예) 내 얼굴을 바람이 살랑살랑 만져 준다.

3. 내 기분을 표현한 표정을 그림으로 넣어서 일기를 써 보세요

예) 오랜만에 친구를 만나니 내 얼굴에 미소가 ( )가 지어졌다. 그러나 부끄러워서 ( ) 아무 말도 못 했다.

함께 읽으면 좋은 책

상상 정원

주인공 리사는 할아버지의 새집에 정원이 없는 것을 서운해합니다. 그래서 할아버지에게 상상 정원을 만들자고 제안했어요. 할아버지는 돌담 위에 빨간 동그라미를 그리고 작은 갈색 동그라미도 그렸어요. 빨간 동그라미에 긴 선 두 개와 짧은 선을 그린답니다. 그러자 발코니에 작은 새가 한 마리 날아온 듯하네요! 어느 날 할아버지는 여행을 떠나고 리사가 혼자 정원을 돌보게 됩니다. 리사는 할아버지를 기다리면서 무궁무진한 상상력으로 여러 가지 꽃을 그려 넣어요. 아이들은 리사를 통해 상상력을 발휘하는 방법을 배울 수 있을 거예요.

앤드류 라슨 글 | **아이린 룩스바커** 그림 | **키즈엠**

점

미술 시간에 하얀 도화지를 앞에 놓고 머뭇거린 경험이 있나요? 〈느끼는 대로〉의 저자 피터 레이놀즈가 쓴 《점》은 그림을 그리기 싫어하는 아이 베티가 주인공입니다. 저자는 베티를 통해 그림을 잘 그리는 방법은 따로 있는 것이 아니라, 느낀 대로 마음껏 표현하는 것이라는 사실을 말해줍니다.

피터 레이놀즈 글·그림 | **문학동네어린이**

06

가족에게 감정을
솔직하게 표현해요

부루퉁한 스핑키

윌리엄 스타이그 글·그림

조은수 옮김

비룡소

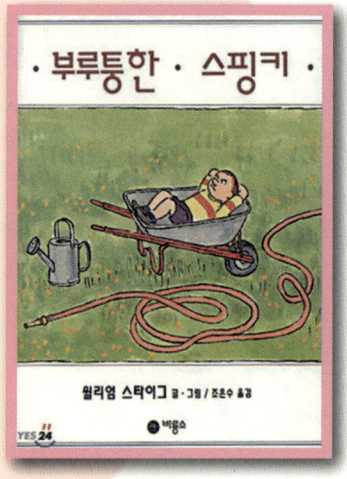

우리는 매일 수많은 감정을 느끼며 살아가지요. 그런데 가끔은 나 자신조차 내 감정을 이해하기 힘들 때가 있습니다. 감정은 외부에서 일어나는 일로 인해 일어나는 즉각적인 반응입니다. 그래서 내 마음대로 통제하거나 정리하기가 쉽지만은 않습니다. 특히, 어린아이들일수록 자신의 감정을 이해하는 것이 어렵게 느껴질 수 있습니다. 우리는 매일 함께 살아가는 가족들로 인해 기쁘고 즐거울 때도 많지만, 서운하거나 속상하고 화나는 경험도 많이 합니다. 아이들은 가족 때문에 토라진 경험을 자주 갖게 됩니다. 무심코 건네는 말 한마디나 행동으로 아이들은 부모님이 내 마음을 알아주지 않는다고 생각하는 경우도 많습니다. 만약 아이들이 섭섭하고 서운한 마음을 쌓아두고 표현하지 않고 감추고 살아간다면 어떻게 될까요? 겉으로는 아무런 문제가 없을지는 몰라도 해소되지 않고 쌓인 감정은 언젠가 큰 문제를 일으킬 수 있습니다. 또 아이는 앞으로 부모님과 좋은 관계를 갖기 힘들어질 것입니다.

이 책은 주인공 스핑키의 모습을 통해 아이들이라면 한번쯤 경험할 수 있는 감정을 섬세하게 보여주고 있습니다. 자신의 이름을 이상하게 부르는 누나, 옳은 이야기도 믿어주지 않던 형, 그리고 토라진 자신에게 관심을 두지 않는 아빠의 행동 등 가족들의 모습에 화가 난 스핑키의 마음을 부루퉁한 표정에 재미있게 담아내고 있지요.

가족들은 스핑키에게 미안하다고 말하기도 하고, 가족회의를 열어 스핑키가 좋아하는 할머니와 광대 아저씨를 초대하기도 합니다. 부루퉁한 스핑키의 마음을 풀어주려는 가족들의 다양한 노력이 따뜻하게 느껴져요. 하지만 가족들의 노력에도 스핑키의 마음은 꿈쩍도 안 합니다. 도저히 풀리지 않을 것 같았던 스핑키의 마음은 시간이 흘러가면서 서서히 변하기 시작하고, 여기서 이야기는 더 재미있어집니다. 화를 풀면서도 우스운 꼴이 되지 않기 위해 스핑키는 밤새도록 고민을 하지요. 결국 스핑키는 가족들을 위해 깜짝 파티를 열어주는 감동을 선사하게 됩니다.

이 책을 읽으면서 아이들은 자신이 직접 겪었던 화가 나고 속상했던 경험들을 떠올리게 됩니다. 이렇게 불편한 감정을 나만 겪는 것이 아니라 누구나 경험한다는 사실을 자연스럽게 느끼게 되지요. 또 감정을 풀기 위해서는 스핑키처럼 감정을 표현해야 하며, 불편한 감정이 해소되는 데는 시간이 걸릴 수 있다는 것도 알게 됩니다. 자신의 감정에 대해 아이들이 이해할 수 있게 된다면 어떤 상황에서도 자기감정에 혼란스러움을 느끼지 않을 수 있습니다. 그러면 자신의 감정뿐만 아니라 타인의 감정까지 잘 이해하는 아이로 성장할 것입니다.

이렇게 읽어요

'스핑키'의 마음을 헤아리며 책을 읽어보세요

풀밭에 배를 깔고 엎드려 씩씩거리는 스핑키의 이야기를 들어볼까요? 월라밀라 누나가 찾아와서 스컹크라고 놀려서 미안하다고 사과합니다. 히치 형이 "네 말이 다 맞다"고 말하지만 알랑거리는 형의 목소리는 참을 수 없습니다. "지금 와서 미안하다면 다야?"라고 중얼거리는 스핑키의 마음을 여러분도 충분히 공감하지요?

형은 제발 용서해달라고 무릎까지 꿇고 빌었지만, 스핑키는 더욱 역겨운 마음이 들었답니다. 가족들의 갑작스러운 친절과 아빠의 설교는 오히려 스핑키를 더 화나게 했습니다. 친구들이 찾아와도 마음이 풀리지 않습니다. 스핑키의 화는 왜 이렇게 풀리지 않는 것일까요? 아마 그동안 표현하지 않아서 그렇지, 가족들 때문에 속상했던 적이 한두 번이 아니었을 거예요. 이렇게 화가 쌓이게 되면 아무리 당사자가 찾아와서 미안하다고 말해도 쉽게 풀리진 않을 거예요.

혹시 미안하다고 했는데 사과를 받아 주지 않거나 마음이 풀리지 않는 아이를 나무란 적은 없나요? 그럴 땐 아이의 화가 난 상황과 이유를 충분히 들어줘야 합니다. 때로는 혼자만의 시간이 필요할 수도 있습니다. 부정적인 감정이라고 해서 억압하거나 숨겨두게 해서는 안 됩니다. 상황에 따라 적절하게 표현하고 다스리는 방법을 알려주어야 합니다. 아이도 우리와 똑같은 감정이 있는 사람이라는 사실을 잊지 말아야 하지요.

우리가 느끼는 다양한 감정은 모두 살아가기 위해 꼭 필요한 것입니다. 화가 나는 상황에서 화를 표현하지 않는 것이 오히려 더 이상한 것이지요. 자신이 느끼는 감정을 자연스럽게 표현하는 것은 매우 중요합니다. 감정을 표현하지 않고 지나치게 억누르게 되면 점점 자신의 감정을 느끼지 못하게 될 수 있습니다. 감정을 알아차리고 표현하는 데 어려움을 느끼게 되면 다른 사람과 관계를 맺는 일에도 걸림돌이 됩니다. 자신의 감정을 인식하고 표현하지 못하는 만큼 다른 사람의 감정도 잘 공감할 수 없게 되기 때문입니다.

'부루퉁하다'는 단어를 처음 듣는 아이들도 있을 수 있습니다. '부루퉁하다'는 것은 불만스럽거나 못마땅하여 성난 빛이 표정에 나타난 모습을 말합니다. 이렇게 아이들은 감정을 표현하는 단어나 표현법을 잘 알지 못해서 표현하지 못할 수도 있습니다. 그래서 평소에 부모님께서 다양한 단어를 사용해서 감정을 표현하는 모습을 보여주는 것이 좋습니다. 다양한 책을 통해 아이에게 낯선 감정 단어를 찾아 알려주고 이야기해보는 시간을 갖는 것도 큰 도움이 됩니다.

책을 읽으며 스핑키처럼 가족들에게 화가 나거나 토라진 경험을 떠올리게 해주세요. 아이가 그때 어떤 감정을 느끼고, 어떻게 해결했는지 구체적으로 이야기를 나눠보세요. 아이들은 스핑키의 마음을 충분히 이해하고, 이와 비슷한 자신의 경험을 쏟아내며 감정을 표현하게 될 거랍니다. 가족들과 겪었던 여러 상황을 이야기하면서 다양한 감정을 표현하는 시간을 가져보시길 바랍니다.

'스핑키'가 가족들에게 파티를 열어준 이유는 무엇일까요?

아이가 화가 나 있을 때 여러분의 가족은 어떻게 반응하나요? 스핑키를 위하는 가족의 모습을 눈여겨볼 만합니다. 가족들이 차례로 스핑키를 찾아와 스핑키의 화난 마음을 풀어주기 위해서 용서를 구합니다. 여러 번 용서를 구했을 때 받아주지 않으면 오히려 성을 내거나 그냥 포기하고 내버려둘 수도 있겠지만, 끝까지 스핑키를 위해 가족들은 최선을 다합니다. 스핑키가 걱정이 돼 가족회의를 하는 모습이 참 인상적입니다. 진심으로 스핑키를 걱정하는 가족들의 마음이 느껴집니다. 끊임없이 애정을 표현하는 엄마의 모습 또한 성숙하게 느껴지고요.

할머니가 찾아왔을 때까지도 풀리지 않던 스핑키의 마음이 광대 아저씨를 보고 달라집니다. 드디어 스핑키의 얼굴에서 비실비실 웃음이 나오죠? 아빠의 웃는 모습을 보고 식구들이 보낸 광대 아저씨라는 것을 깨닫고는 웃지 않기로 마음을 바꿉니다. 하지만 마음 깊은 곳에서는 가족들이 나를 위해 이렇게 이벤트까지 열어주었다는 생각에 놀라움도 품고 있었을 겁니다.

화가 풀리지 않아 부루퉁하거나 토라져 있다가 화가 풀렸을 때 아이들은 어떤 기분이 들까요? 부끄럽기도 하고 불편하기도 하면서 자신의 감정을 어떻게 표현해야 할지 혼란스러워할 수도 있을 거예요. 스핑키도 화가 풀리자 그동안의 자기 모습을 떠올리면서 우스운 꼴이 되지 않을까 밤새도록 고민합니다.

스핑키는 온갖 음식들을 차리고, 울긋불긋하게 광대 옷을 입고 식구들을 초대합니다. 모두 한바탕 웃어대면서 이야기는 마무리됩니다. 스핑키는 파티를 통해서 자신의 화가 다 풀렸다는 것을 어색하지 않고 즐겁게 표현했습니다. 그동안 자기 때문에 마음을 쏟았던 가족들에게 고마움을 표현하는 것이지요. 가족 모두 스핑키의 화가 풀려서 기뻐했을 겁니다. 책을 읽으면서 아이에게 이렇게 설명해주는 것이 좋습니다. 스핑키처럼 오랫동안 풀리지 않던 화가 갑자기 풀려도 이상하거나 우스운 것이 아니라고요. 그리고 자연스럽게 자신의 있는 감정 그대로를 표현할 수 있어야 한다고 알려주는 것 역시 중요합니다.

 아이와 소통하기

속상한 마음을 표현할 수 있도록 도와주세요

아이에게 가족 때문에 속상했던 경험이 있는지 물어본 적 있나요? 우리 아이가 자신의 말은 믿어주지 않고, 동생이나 다른 형제가 잘못한 일을 자신한테만 나무라는 것 같은 부모님 때문에 화가 난 적이 분명히 있었을 거예요. 이런 경우 아이가 힘들어할 때 여러분은 어떻게 반응하나요? 아마 여러분이 아이의 마음을 잘 경청해주었더라면 아이는 자신의 속상한 경우를 말하면서 쉽게 풀릴 수 있었을 거예요. 그런데 이야기를 잘 들어주지 않았더라면 아마 그런 경험에 대해서 다시는 표현하지 않게 됐을지도 모르지요.

화가 났을 때 우리 아이는 어떤 행동을 하나요? 우리 아이도 스핑키처럼 돌처럼 뻣뻣하게 누워 아무런 행동도 하지 않고 화가 났다는 것을 가족들에게 표현할 수 있을까요? 아니면 화가 났다는 것을 표현하지 않고 감정을 숨겨 두지는 않나요? 표현하지 않으면 가족들은 아이가 어떤 감정을 갖고 있는지 알 수 없습니다. 아이가 속상해하거나 화가 나 있는 줄도 모르고 가족들은 아이가 싫어하는 행동이나 말을 계속할 수 있지요. 그래서 자신의 속상한 감정을 표현할 수 있어야 한다는 점을 알려주고, 그런 표현을 할 수 있는 가족 분위기를 조성해야 합니다.

아이에게 가족이나 친구들이 찾아와서 미안하다고는 하지만, 도저히 마음이 안 풀릴 때도 있을 거예요. 그럴 때 '왜 내가 이런 거지'라고 이상하게 생각하기보다 마음을 풀기 위해 아직 시간이 더 필요하다는 걸 알려주세요. 억지로 마음을 풀려고 노력하지 않아도 스핑키처럼 자연스럽게 마음이 풀리는 시간이 오게 되지요. 그때는 부끄러워하거나 자존심 상할 필요 없이 이제 마음이 풀렸다고 솔직하게 말해주면 되니까요. 상대방도 마음이 풀리기를 간절하게 기다리고 있었을 테니 전혀 이상하게 생각하지 않아도 된다고 이야기해주세요.

아이와 활동하기

1. '부루퉁하다'는 어떤 감정을 뜻하는 말일까요? 단어의 뜻을 생각해보고, 사전에서 뜻을 찾아보세요. 그리고 '부루퉁하다'를 이용해 문장을 만들어보세요.

내가 예상한 뜻	
사전에서 찾은 뜻	
단어 넣어 문장 만들기	

2. 다양한 감정 단어를 보고 내가 겪어본 적 있는 단어를 찾아 색칠해보세요.

그중 몇 가지를 선택해서 언제 그런 감정을 느꼈는지 적어보세요.

[감정 단어]

반갑다	떳떳하다	벅차다	포근하다	들뜨다
망설이다	불안하다	겁먹다	기죽다	낯설다
보람차다	재미있다	감탄스럽다	감격스럽다	아쉽다
섭섭하다	쓸쓸하다	그립다	서럽다	안타깝다
따분하다	어이없다	치사하다	답답하다	얄밉다

[이럴 때 이런 감정을 느꼈어요!]

포근하다	엄마 품에 안겼을 때 따뜻한 기분을 느꼈어요.

3. 부루퉁한 스핑키의 기분을 풀어주기 위해 주변 사람들은 어떻게 행동했는지 살펴보고, 스핑키의 마음을 말풍선으로 채워보세요.

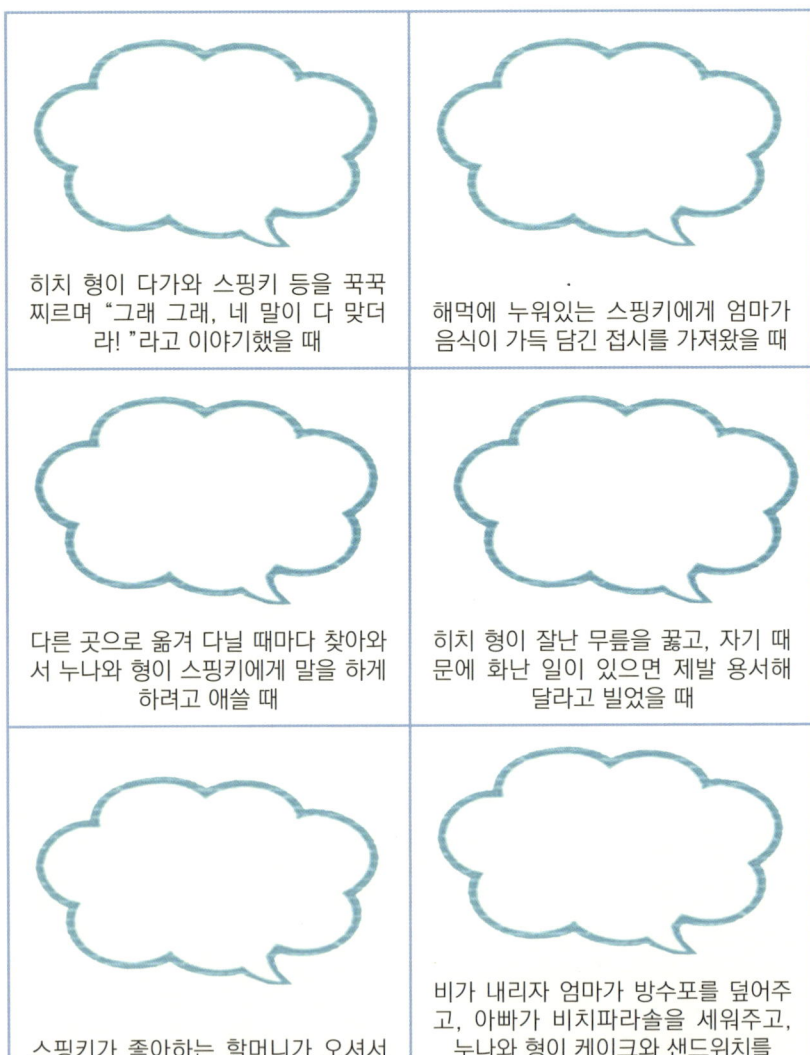

히치 형이 다가와 스핑키 등을 꾹꾹 찌르며 "그래 그래, 네 말이 다 맞더라!"라고 이야기했을 때

해먹에 누워있는 스핑키에게 엄마가 음식이 가득 담긴 접시를 가져왔을 때

다른 곳으로 옮겨 다닐 때마다 찾아와서 누나와 형이 스핑키에게 말을 하게 하려고 애쓸 때

히치 형이 잘난 무릎을 꿇고, 자기 때문에 화난 일이 있으면 제발 용서해 달라고 빌었을 때

스핑키가 좋아하는 할머니가 오셔서 스핑키가 좋아하는 사탕을 주셨을 때

비가 내리자 엄마가 방수포를 덮어주고, 아빠가 비치파라솔을 세워주고, 누나와 형이 케이크와 샌드위치를 갖다 주었을 때

4. 가족들에게 파티를 열어 주면서 스핑키가 편지를 썼어요. 여러분이 스 핑키가 되어 가족들에게 하고 싶은 말을 편지로 써 보세요.

201　년　　월　　일

스핑키가

아홉 살 마음 사전

《아홉 살 마음 사전》은 ㄱ~ㅎ까지 '마음을 표현하는 말' 80개
를 소개하고 있습니다. '마음을 표현하는 말'과 그 표현을 활
용할 만한 상황 여러 가지를 아이들의 입장에서 이야기해주고
있습니다. 그림에 담긴 인물의 표정을 통해 더욱 생생하게 '마
음을 표현하는 말'을 이해할 수 있지요. 아이들 눈높이에서 다
양한 감정 표현을 익히고, 실생활에서 적절하게 사용할 수 있
도록 도움을 줄 수 있습니다.

박성우 글 ｜ **김효은** 그림 ｜ **상상스쿨**

100가지 엄마 얼굴

아이는 엄마의 표정을 통해 엄마의 감정을 느끼게 됩니다. 다
양한 상황에서 엄마는 화가 난 사자가 되고, 기분이 좋은 고
양이가 되고, 삐치는 오리가 되고, 깜짝 놀라는 토끼가 되기
도 합니다. 엄마가 어떤 얼굴을 하고 있는지 물어보면 아이는
어떤 이야기를 할까요? 평소 아이와 엄마가 마주하는 다양한
상황에서 아이와 엄마가 서로 어떤 감정을 느끼고 있는지 이
야기 나눠보기 좋은 책이랍니다.

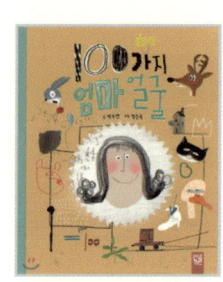

박수연 글 ｜ **정은숙** 그림 ｜ **키즈엠**

아이가 책을 좋아하게 만드는 데 가장 효과적인 특효약은 읽어주기, 또는 함께 읽기입니다. 함께 읽으면서 이야기를 나누는 즐거움을 느끼게 해야지요. 책 내용을 이해시키려고 하거나 가르치려고 할 게 아니라 그냥 이야기를 나누는 것으로 충분합니다.

임성미 《초등 인문독서의 기적》 중에서

우리가 스스로 해결해요
모리야마 미야코, 《노란 양동이》

꿈을 위한 준비, 행복한 하루!
공병호, 《나의 행복한 하루》

눈에 보이지 않아도 중요한 게 있어요
데미, 《빈 화분》

혼자 사는 세상이 아니랍니다
대런 파렐, 《거짓말 대장》

배움의 즐거움을 알려주는 행복한 코알라 이야기
메리 머피, 《코알라와 꽃》

진정한 공부의 자세를 배워요
로저 뒤봐젱, 《피튜니아, 공부를 시작하다》

자기발전

실수도 경험, 스스로 해볼게요!

07

실수도 경험,
스스로 해볼게요!

노란 양동이

모리야마 미야코 글
쓰치다 요시하루 그림
현암사

이 책은 아기여우, 아기곰, 아기토끼가 나오는 숲속 마을이 배경입니다. 아기여우가 주인을 알 수 없는 노란 양동이를 발견하면서 이야기는 시작됩니다. 아기여우는 주인을 찾아 주기 위해 노란 양동이를 살피지만, 아무런 표시가 없습니다. 결국, 친구들의 도움을 받기 위해 아기토끼네로 달려갑니다. 자신이 해결하지 못하는 문제는 친구들에게 도움을 요청할 줄 아는 현명한 아기여우네요.

아기여우는 아기토끼와 아기곰과 의논하여 일주일 동안 주인이 나타나기를 기다리기로 합니다. 하지만 다시 돌아온 월요일, 양동이가 사라졌습니다! 노란 양동이는 주인이 와서 가져갔을까요? 자신이 갖고 싶었던 양동이가 없어지자 허탈해하면서도 아기여우는 "괜찮아! 이제.", "괜찮아! 정말."이라며 노란 양동이가 사라진 사실을 받아들입니다. 그러면서 노란 양동이와 함께했던 시간을 소중하게 생각하며 기분 좋게 이야기는 끝납니다.

학교 운동장과 교실에는 주인을 잃은 물건들이 꼭 하나씩은 있습니다. 아이들은 왜 물건을 자주 잃어버리고 또 찾아가지 않는 걸까요? 아마 어디에서 잃어버렸는지 기억나지 않아서겠지요. 아이들이 자기 물건을 소중히 여기지 않아서가 아니랍니다. 아이들은 자신의 주변에 있는 사소한 것에 소중함을 느끼기도 해요.

이 책은 소중하게 생각하는 것 역시 개인마다 차이가 있다는 사실을 아기토끼와 아기곰을 통해 보여주고 있습니다. 그러면서 스스로 문제를 해결하려는 노력과 친구와 함께 고민하는 방법도 알려주고 있습니다. 잔잔하면서 아기자기한 내용으로, 몰입하게 만드는 이 책은 읽는 내내 아기여우의 설레는 마음이 느껴져 기분이 좋아집니다.

이렇게 읽어요

주인공의 상황에 공감해 보세요

'아기여우는 전부터 노란 양동이를 갖고 싶어 했습니다. 빨간색도 아니고, 파란색도 아닌 아주 노란 양동이!' 아기여우는 평소 갖고 싶던 노란 양동이를 우연히 발견했지요. 그런데 주인을 찾아주려 해도 이름이 쓰여 있지 않아 일주일을 기다리기로 했습니다.

혹시 여러분도 이런 경험을 한 적이 있나요? 평소 내가 갖고 싶던 것을 발견했거나 또는 잃어버린 경험이 있나요? 반대로 잃어버렸던 물건을 되찾은 경험은요. 영원히 찾지 못할 거로 생각하고 포기하고 있었는데, 되찾았을 때의 그 기분은 뭐라 표현할 수 없었겠지요. 만약 아기여우처럼 평소 내가 갖고 싶었던 물건을 주웠다면 여러분은 어떻게 할까요? 물론 주인을 찾아주기 위해 아기여우처럼 노력했겠죠? 그렇다면 이름도 쓰여 있지 않은 물건을 어떤 방법으로 주인을 찾아 줄 수 있을까요?

물건을 잃어버리지 않는 것이 중요해요

책을 읽고 난 후 '만약 아기여우가 자기가 평소에 갖고 싶던 노란 양동이였으니 주인을 찾아 주지 않고 자기가 가졌다면 마음이 편했을까요?'라고 아이에게 질문해 보세요. 노란 양동이가 없어진 후의 아기여우 마음을 이해하는 데 도움이 된답니다. 그러면서 자신이 소중하게 생각하는 것을 잃어버리면 속상하다는 것을 생각해 볼 수 있지요. 하지만 노란 양동이에는 아무런 표시도 되어 있지 않아 아기여우는 주인을 찾아 주기가 어려웠지요. 만약 노란 양동이에 이름이나 전화번호 등 나만의 표시를 해 놓았다면 아기여우는 물건의 주인을 빨리 찾아 줄 수 있었겠지요.

아이에게 자기 물건을 잃어버리지 않게 하는 방법은 무엇이 있을지 물어봐 주세요. 아이 스스로 물건을 잃어버리지 않은 방법을 생각해 볼 수 있을 것입니다. 아기는 태어나서 혼자 뒤집고 기어 다니며 일어서는 과정을 통해서야 비로소 걸음마를 할 수 있답니다. 아이들이 자신의 문제를 생각해 볼 시간을 주어야 자립심도 키울 수 있고요. 자립심을 키우는 그 작은 시작 중 하나는 자기 물건은 스스로 잘 챙기는 것이랍니다.

노란 양동이는 누가 가져갔을까요?

월요일이 다시 돌아오자 노란 양동이는 없어졌답니다. 노란 양동이를 누가 가져갔을지 아이에게 물어봐 주세요. 아이들 대부분은 노란 양동이의 주인이 가져갔을 것이라고 대답합니다. 그런데 정말 주인이 찾아갔을까요? 작가는 노란 양동이의 주인이 찾아갔다고 말하지는 않습니다. 아기여우가 그렇게 생각하는 것이지요. 그래서 아이들도 주인이 가져갔다고 말합니다. 하지만 노란 양동이를 주인이 가져갔을 거라고 추측은 해볼 수 있지요. 노란 양동이 주인이 아기여우가 발견한 장소에 두고 왔다고 기억해서 찾아갔을 거라고.

아이들에게 책을 읽으면서 자기 생각에 근거를 찾게 하는 힘을 길러 주는 방법의 하나입니다. 또 하나 만약 노란 양동이가 월요일에 그대로 있었다면 아기여우가 갖는 것이 옳은 걸까요? 주인을 못 찾는 물건이 있다면 어떻게 해야 할지 생각하며 이야기를 나눌 수 있답니다.

 아이와 소통하기

저마다 소중하게 생각하는 것이 다를 수 있어요

어느 날 조리파출소에서 전화를 받았지요. 파출소에서는 아들 지갑을 습득해 보관하고 있다는 것이었어요. 아들은 지갑을 잃어버린 지 오래되었기에 포기하고 있었답니다. 친구로부터 생일선물로 받은 지갑이라 아주 소중하게 생각하고 있었거든요. 그렇게 잃어버린 줄 알았던 지갑을 찾으니 기분이 정말 좋았답니다.

누구나 생활하면서 물건을 잃어버렸다가 되찾은 경험이 한 번쯤은 있지 않을까요? 잃어버린 물건을 다시 찾아 좋기도 하지만, 자신의 물건을 잃어버리기 전에 잘 챙기는 습관이 중요하겠죠.

이 책에서도 아기여우는 노란 양동이를, 아기토끼는 빨간 양동이, 아기곰은 파란 양동이를 좋아하지요. 나에게는 소중한 물건이 다른 친구들에게는 소중하지 않을 수도 있답니다. 그래서 아기여우도 자신이 갖고 싶었지만, 주인을 찾아 주려고 했던 게 아닐까요? 만약 내가 물건을 주웠다면 나에게는 소중하지 않지만, 물건 주인에게는 매우 소중할 수 있다는 것을 의미하죠. 그래서 물건을 줍게 되면 주인을 찾아주는 것이 좋겠지요. 왜냐하면, 나에게는 소중하지 않지만, 물건의 주인에게는 아주 소중할 수 있으니까요.

이 책에 나온 세 명의 친구들을 통해 우리 아이들에게 소숭하게 생각하는 것은 저마다 다르다는 것을 이해시키면서 읽어 주면 좋습니다. 그러면 자기 물건을 잃어버리거나 주웠을 때 해야 할 올바른 행동을 배울 수 있을 것이에요.

아이의 습관을 길러 주는 것이 중요해요

아기여우가 아기토끼와 아기곰에게 달려가 "외나무다리 옆에 노란 양동이가 있어! 반짝반짝 빛나는… 누구 건지는 모르지만"이라고 이야기합니다. 이름이 쓰여 있지 않아 누구 것인지 몰라서 일주일을 있던 자리에 두고 지켜보며 기다려 보자고 합니다. 돌아오는 월요일에도 노란 양동이가 그 자리에 그대로 있으면 아기여우가 갖기로 하고요. 아기여우와 아기토끼, 아기곰은 노란 양동이의 주인을 찾아주기 위해 의논했지요. 만약 한 친구가 주운 물건이 있다며 나(아이)에게 의논해 온다면 나는 어떤 방법을 제시해줄 수 있을까요?

이 책에서는 아기여우와 토끼, 아기곰은 아무런 표시가 없는 노란 양동이를 주인에게 돌려줄 방법이 없자 노란 양동이가 있던 자리에 그대로 두기로 했습니다. 물건을 그 자리에 그대로 두는 것도 주인에게 찾아 주는 하나의 방법이 되겠죠. 그래서 노란 양동이가 있던 자리에 그대로 두었기 때문에 주인에게 다시 돌아간 것을 보면 알 수 있지요.

만약 아이들이 물건을 잃어버렸다면 어떻게 하는 것이 좋을까요? 무조건 다시 사 주기보다는 잃어버린 물건이 찾아오게 하는 방법을 알려 주는 것도 지혜로운 생활 습관이 될 수 있답니다. 아이 스스로 잘할 수 있다는 생각과 습관을 길러 주는 것은 매우 중요한 일이기 때문입니다.

스스로 할 때까지 기다려 주세요

아이들은 왜 자기 물건을 잘 챙기지 못할까요? 사람은 누구나 기질이란 게 있답니다. 아이들도 마찬가지로 기질이 뚜렷하게 나타나는 경향이 있지요. 몰입도가 강한 아이는 자기 물건을 더 잘 잃어버리기도 하지요. 몰입도가 강한 아이는 한 곳에 집중하느라 다른 것을 생각하지 못하기 때문입니다. 그래서 아이를 혼내기보다는 아이의 기질을 먼저 이해해 보세요. 그러니까 과하게 야단치지 않는 것이 중요합니다. 혹여 아이가 물건을 잃어버렸거나 잘못했을 때 심하게 야단치면 자신감을 잃게 되고 상처만 받게 되지요. 아주 서툴고 답답하더라도 아이가 스스로 자기 일을 하고 자기 물건을 소중하게 생각하는 습관이 될 때까지는 부모님이 같이 행동해 보세요. 20번 이상 반복된 행동은 습관이 되어 진정 자신의 행동으로 나타나게 됩니다. 아이에게 지시의 말투보다 칭찬의 말과 자기 일을 스스로 하게 도와주며 함께 행동해 보세요.

가장 중요한 것은 부모가 다 해 주는 것이 아니라 아이가 스스로 하도록 도와주고 기다려 주는 것입니다. 어리다고 아이의 시간을 엄마 혼자 계획하고 아이와 의논하지 않으면 아이는 모든 것을 엄마에게 의존하게 됩니다. 아이 입장에서 부모가 자기 일을 아이와 의논하게 되면 아이는 스스로 자신이 존중받는다고 생각하게 됩니다. 어른들 입장에서 아이들이 하는 게 답답하다고 부모가 기다려 주지 않으면 어떻게 될까요? 아이는 스스로 자기가 할 기회를 놓치게 되는 것입니다. 문제 해결 능력이 떨어지게 되는 것이지요. 그러니 스스로 하도록 도와주면서 기다려 주세요.

아이와 활동하기

1. 아기여우는 자신이 갖고 싶었던 노란 양동이를 우연히 발견하게 됩니다. 만얀 내가 아기여우처럼 평소에 갖고 싶던 물건을 주웠다면 어떻게 했을까요?

2. 노란 양동이가 사라진 후 아기여우는 스스로 어떻게 생각했나요?

3. 주인을 잃은 물건이 되어 나를 잃어버린 주인에게 하고 싶은 말을 말
주머니에 써 보세요.

4. 잃어버린 물건을 찾아주는 광고를 만들어 보세요.

함께 읽으면 좋은 책

혼자서도 잘하는 아이 여유롭고 느긋한 엄마

아이를 키우다 보면 큰 소리를 낼 일이 많답니다. 이 책은 아이가 학교에 들어가기 전에 읽어 보면 좋은 책입니다. 대화 형식이며, '아이를 힘들게 하는 엄마'의 내용은 내 아이를 나는 어떤 눈으로 바라보고 있는지를 생각하게 해줍니다. 그래서 이 책을 읽고 나면 아이에게 소리를 지르기보다 아이가 스스로 생각해서 행동할 수 있도록 도움을 줄 것입니다. 아이가 스스로 할 수 있도록 도와주었는지 우리들 자신을 돌아보게 하는 책입니다.

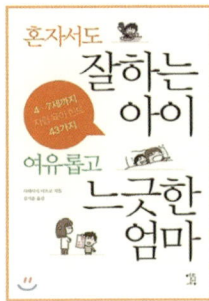

다테이시 미츠코 글 ┃ **김지윤** 옮김 ┃ **열린세상**

너 먼저 울지마

행복해 보이는 참새 한 쌍이 보입니다. 하지만 이 책의 주인공 짤뚝이는 형제 중에 가장 어린 막내 참새로 못에 발을 다쳐 쩔뚝거리며 다니는 이야기입니다. 하지만 추운 겨울도 이겨내고 사람들에게서 탈출도 하게 되지요. 짤뚝이가 행복해지기까지 스스로의 노력과 친구가 옆에 있었기 때문에 가능했다는 마음 따뜻한 책이랍니다.

안미란 글 ┃ **김종도** 그림 ┃ **사계절**

08

꿈을 위한 준비,
행복한 하루!

나의 행복한 하루

공병호 글
천소 그림
토토북

　　많은 사람들은 행복하기를 원합니다. 행복하기 위해 먹고 ,일하고, 공부하고, 끊임없이 꿈꾸고, 이를 위해 달려갑니다. 하지만 마음처럼 되지 않아 행복하지 않은 날이 더 많습니다.

　　'작심 삼일'이라는 말이 있듯이 마음은 자유로운 영혼이라 우리가 붙잡아 둘 수가 없는 것이지요. 그럼, 행복하기 위해 또는 자신이 바라는 사람이 되기 위해 어떻게 하면 좋을까요? 《나의 행복한 하루》라는 책에서는 행복한 하루를 보내라고 합니다. 행복한 하루가 자신의 꿈을 이루는 성공적인 사람을 만든다고 합니다.

행복한 하루를 보내는 방법이 무엇일까요? 이 책에서는 하루를 즐겁고 행복하게 보내는 12가지 방법을 알려 주고 있습니다. 이것을 '황금 씨앗'이라고 하는데, 이 씨앗들을 하나하나 마음속에 잘 심고 매일 물을 준다면 머지않은 미래에 분명히 자신이 바라는 사람이 되어 있을 거에요. 예를 들어 아침을 즐겁게 시작하기, 친구들과 반갑게 인사하기, 어려운 문제를 내 힘으로 풀기, 가족과 즐거운 하루 보내기 등. 이렇게 행동하면 행복한 하루를 만들 수 있다고 합니다. 아이들과 책을 읽으며 이 씨앗들을 하나하나 살피고, 자신이 바라는 사람이 되기 위해 지금부터 뭘 하면 가장 좋을지? 생각해 보세요.

이렇게 읽어요

자율은 자기를 키우는 힘입니다

'자기의 일을 스스로 한다'는 말에는 자신이 하고 싶은 일이 무엇인지 알고 그것을 행동하는 것과, 자신이 해야 할 일이 무엇인지 알고 실천하는 것 등 여러 의미가 있다고 생각합니다. 자율이란 이처럼 남의 구속이나 지배를 받지 않고 자기 스스로의 원칙에 따라 어떤 일을 해나가는 능력을 말합니다. 어찌 들으면 자기 맘대로 하면 될 것 같아 쉬운 것 같은데, 어른이 되어서도 어려운 것이 자율적인 행동입니다. 자율적인 행동에는 책임이 따르기 때문이지요.

초등학교 1~2학년 아이들은 학교에 입학하고 단체생활에 조금씩 적응하게 되면서 공부에 대한 흥미와 욕심이 생기고 자아정체성도 형성되기 시작합니다. 가정이라는 보호적 환경 속에서 벗어나 학교라는 단체에 적응하는 새로운 과제를 시작합니다. 아이들은 보다 독립적이 되고, 학습이 시작되고, 사회화를 경험하게 됩니다. 따라서 이 시기에 아이들이 스스로 할 수 있도록 도와주어야 합니다. 스스로 자기 일을 찾아서 하면서 자신도 알 수 없는 힘이 생겨 자기가 대견해지고 스스로 뿌듯하게 되지요. 이처럼 자율은 두려움을 없애고 자기를 키우는 힘을 갖게 합니다. 어릴 때부터 스스로 판단해서 결정하고 행동하는 사람이 되도록 부모는 자녀들의 훌륭한 안내자가 되어야 합니다.

좋은 습관을 들이면 하루가 달라지고, 내가 달라져요!

아기 코끼리가 덩치 크고 힘센 어른 코끼리로 성장한 뒤에도 나무 기둥에 온순하게 묶여 있는 것은 바로 '습관의 위력'이라는 글을 읽은 적이 있습니다.

초등학교 저학년 아이들은 규칙과 질서에 대한 관심이 높아지고 자기 조절 능력이 향상하는 시기입니다. 스스로 계획을 세울 수도 있고 지키기 위해 노력하지요. 반드시 해야 할 일이 있고, 절대 해서는 안 되는 일이 있음을 알려주세요. 혹, 게임 같은 유혹에 넘어가기도 합니다. 하지만 유혹을 뿌리치고 자기 힘으로 자신을 지켜내는 것이 쉽지 않지요. 이럴 때 게임 시간을 정해서 하도록 한다면 자기를 지킬 수 있게 되지요. 이와 같은 좋은 습관은 몸과 마음에서 쉽게 지워지지 않습니다. 절제하는 습관, 계획하는 습관을 들이면 시간을 알차게 보낼 수 있습니다.

두려워하지 않는 것이 용기입니다

아이들은 학교에서 매일 새로운 것을 배우며 환경에 적응하게 됩니다. 알면서도 실수로 틀릴 때가 있고, 창피해서 '차라리 말하지 말걸' 후회도 하고, 어쩌다 주어진 과제를 잘 해결하면 기뻐하기도 하지요. 초등학교 저학년 아이들은 하나의 과제를 완수함으로써 그를 통한 기쁨과 긍지를 배우게 되는데, 이때 지나치게 규칙이나 의무를 강조하게 되면 일에 대한 자연스러운 욕구나 성취감 대신 의무감과 열등의식이 발전하게 됩니다.

　따라서 아이들이 열심히 배우면서 하고 싶은 것을 마음껏 할 수 있도록 도와주어야 합니다. 그럴 때 아이들은 배우는 것을 즐겁게 생각할 수 있어요. '틀려도 용기를 내서 자신 있게 말하라고, 자꾸 틀려야 더 많이 알게 되는 거야.'라고 말해주고, '못해도 괜찮다'고 말하며 이것을 두려워하지 않는 것이 용기임을 알려주세요. 틀리고 배우고 또 틀리고, 다시 배우고....이렇게 하면서 성공하는 법을 배우는 것입니다.

아이와 소통하기

좋은 습관을 가져 보세요

　습관은 날마다 반복되는 거예요. 아침에 일어나서 세수하고, 먹고 마시는 것, 밤에 책가방 챙기고, 공부하는 것 등 오랫동안 자연스럽게 생각하고 행동하는 것이 습관입니다. 좋은 습관은 하루하루를 행복하게 하고 우리가 꿈을 이룰 수 있도록 도와주지요. 식사 후에 양치하는 것은 귀찮지만 습관을 들이면 건강한 치아를 유지할 수 있어요. 바른 자세로 앉아 공부하거나 책을 읽으면 바른 몸가짐을 지닐 수 있어요. 친구들 사이에서도 항상 웃는 얼굴로 대하면 사이가 더욱 좋아지듯이 작지만 좋은 습관은 우리의 생활을 행복하게 합니다.

진실된 마음은 그대로 전달 됩니다

이 시기에 아이들은 또래 관계가 매우 중요해서 친구를 아끼고, 도와주며 좋은 친구가 되려고 노력합니다. 친구는 자신을 이해하고 도와주는 사람이라고 생각하지요. 마음은 그대로 전달됩니다. 솔직한 마음으로 친구를 대하는 것이 중요합니다. 상대방의 이야기를 듣고 내 생각을 말하면서 소통을 배우게 됩니다. 부모님과 솔직하게 마음을 나누는 시간을 가져보세요. 아이들의 말문을 막지 말고 들어주는 것이 소통의 시작입니다.

행복한 하루가 모이면 꿈이 이루어져요

성공한 사람들의 공통점은 자신이 하고 싶은 일을 하기 위해 시간을 계획적으로 쓴다는 것입니다. 그러기 위해서 하루하루를 알차게 채워 나갔고, 하루마다 매우 만족한 삶을 살았다는 것을 알 수 있습니다.

아이들도 자신이 원하는 꿈을 이루기 위해 노력하면 행복할 수 있습니다. 아이가 꿈꾸는 모습 그대로의 어른이 되는 방법은 그와 같은 꿈을 이룬 사람을 롤모델로 소개하면 됩니다.

초등학교 저학년 아이들은 훌륭한 인물과 자신을 동일시하면서 행복해하기도 하며 용기를 갖고 내면의 힘을 기르기도 합니다. 자신에 대한 이러한 긍정적인 생각은 자존감을 높이는 데 큰 역할을 하며, 아이의 마음을 행복하게 합니다.

아이와 활동하기

1. 첫 번째 황금 씨앗 **"스스로 하기"**

- 자신이 스스로 할 수 있는 일에 체크해 봅시다.

☐ 스스로 일어나기	☐ 옷 갈아입기
☐ 숙제하기	☐ 준비물 챙기기
☐ 손과 발 씻기	☐ 책 읽기
☐ 목욕하기	☐ 양치하기
☐ 친구와의 약속 지키기	☐ 공부하기
☐ 부모님 안마 해 드리기	☐ 식물에 물 주기
☐ 혼자 잠자기	☐ 방 청소하기

2. 두 번째 황금 씨앗 **"좋은 습관 들이기"**

- '급하게 밥을 먹으면 체한다'는 말을 들어본 적 있나요? 무슨 뜻일까요?

– 스스로 매일 미리 준비해야 할 것은 무엇인가요?

　　1) 학용품 챙기기, 가방 챙기기

　　2) ＿＿＿＿＿＿＿＿＿＿＿＿＿＿

　　3) 아침 인사 하기

　　4) ＿＿＿＿＿＿＿＿＿＿＿＿＿＿

　　5) ＿＿＿＿＿＿＿＿＿＿＿＿＿＿

3. 세 번째 황금씨앗 **"용기 내기"**

　　– 용기 있는 행동은 어떤 모습일까? 네모 칸에 들어갈 알맞은 말을

　　생각하여 써 봅시다.

　　나는 ＿＿＿＿＿＿＿＿＿＿＿ 을 두려워하지 않아요.

　　모두 자신 있게 ＿＿＿＿＿＿＿＿＿＿＿ 을 해 봐요. 틀려도
　　(못해도) 괜찮아요.

함께 읽으면 좋은 책

쿵쿵이의 대단한 습관 이야기

쿵쿵이와 쿵쿵이 엄마의 아옹다옹하는 이야기를 통해 습관에 대해서 이야기하고 있습니다. 엄마는 책을 읽다가 흥분해서 쿵쿵이에게 좋은 습관을 들이자고 제안합니다. 습관에 관심없던 쿵쿵이는 선물을 준단 엄마의 꼬드김에 넘어가 함께 습관 들이기를 시작합니다. 그러다 점점 계획한 바를 이루며 성취감과 함께 무엇이든 해낼 수 있겠다는 자신감까지 덩달아 얻게 됩니다. 이야기를 통해 습관이 무엇인지, 습관이 우리 삶에 어떠한 영향을 주는지, 습관을 들이려면 어떻게 해야 하는지를 배울 수 있는 책입니다. 부모님도 아이와 함께 좋은 습관을 성공적으로 들이는 일에 함께 동참해 보세요. 쿵쿵이와 쿵쿵이 엄마처럼 놀랍고도 즐거운 일이 벌어질 것입니다.

허은미 글 | **조원희** 그림 | **풀빛**

여섯 가지 습관으로 최고의 아이가 되는 법

이 책은 가장 재미나게 사는 법을 이야기하는 책이며 행복하게 사는 법을 알려주는 인성교육 그림책입니다. 책에서 말하는 여섯 가지 습관은 생활하면서 필요한 삶의 법칙이라고 할 수 있지요. 이 방법들을 지속적으로 말하고, 몸에 배고 행동하면서 자신의 습관이 되게 할 수 있습니다. 아이들의 눈높이에 맞춰 일상생활에서 어떤 행동이 필요하고 또 어떤 행동은 하면 안 되는지 설명하고 있어 어린이와 어른에게 삶의 지침과 같은 책이랍니다.

먼로 리프 글·그림 | **공경희** 옮김 | **밝은미래**

09

눈에 보이지 않아도
중요한 게 있어요

빈 화분

데미 글·그림
서애경 옮김
사계절

옛날 중국에 꽃을 몹시 사랑하는 '핑'이라는 아이가 살고 있었어요. 핑이 가꾸는 꽃이나 나무는 언제나 꽃도 활짝 피고, 열매도 주렁주렁 열렸지요. 그 나라에서는 임금님의 나이가 너무 많아 새로운 왕을 뽑기로 했어요. 그래서 나라 안의 모든 아이에게 꽃씨를 하나씩 나누어 주고 한 해 동안 키워서 봄에 가져오라고 했어요. 꽃을 사랑하는 사람을 후계자로 정하기로 했거든요.

핑도 화분에 흙을 담고, 씨앗을 심어 매일 물을 주며 예쁜 싹이 나오기를 기다렸어요. 하지만 싹은 나오지 않았죠. 그러는 동안 시간이 흐르고 임금님에게 가야 할 때가 되었어요. 예쁜 꽃들이 활짝 핀 친구들의 화분을 보자 핑은 자신이 몹시도 못났다고 생각합니다. 그래서 핑은 궁궐에 들어가야 할지 망설였죠. 그때 핑의 아빠가 핑을 격려해 주었어요.

궁궐 마당에서 수많은 예쁜 꽃을 마주한 임금님의 표정은 좋지 않았어요. 그러고는 저 멀리 혼자 서 있는 핑을 보며 왜 빈 화분이냐고 물으셨지요. 핑은 온갖 방법을 다 써도 꽃이 나오지 않아 할 수 없이 빈 화분만을 들고 왔다고 대답했어요. 그제야 임금님이 웃으시며 "내가 찾던 아이가 바로 이 아이다!"라고 했답니다. 임금님이 아이들에게 나누어준 씨앗은 꽃을 피울 수 없는 익힌 씨앗이었던 것이지요. 임금님이 나라에 왕으로 삼고 싶었던 사람은 성실하고 정직한 사람이었던 것입니다.

이렇게 읽어요

옛이야기에서 배우는 지혜

《빈 화분》은 옛날이야기를 통해 정직이 무엇인지를 가르쳐 줍니다. 아이들은 가장 약한 주인공의 모습에서 자신과 동일시하면서 자기에게 닥친 일들을 해결해 나가는 모습에서 간접 경험을 합니다.

핑은 정직하고 성실했지만, 사실 그런 것은 쉽게 알 수 있는 게 아니지요. 결과가 좋으면 다 좋은 것이고 결과가 나쁘면 모두 나쁜 걸까요? 우리가 아이들을 대할 때도 그렇습니다. 보이는 것만으로 아이들을 판단하다 보면 아이들은 자신도 모르게 그것을 배운답니다.

'정성, 성실, 정직' 이런 것은 눈에 보이지 않습니다. 하지만 아이들 인성에는 꼭 필요한 덕목이지요. 《빈 화분》을 통해 핑의 마음을 따라가다 보면 아이들도 자연스럽게 정직과 용기를 배울 수 있답니다. 핑은 인내심도 매우 강한 아이예요. 화분에서 싹이 나지 않을 때도 포기하지 않았지요. 자기가 할 수 있는 다른 방법을 찾아 하나씩 하나씩 행동으로 옮기면서 기다렸어요.

아이들은 성장하면서 성공보다는 실패를 더 많이 겪게 됩니다. 아이와 같이 책을 읽으면서 실패를 거듭하고 있는 핑을 지지해주는 것만으로도 아이들은 자기에게 일어난 일처럼 생각하며, 실패는 해도 된다는 것을 배울 수 있습니다.

핑은 어떤 순간이 가장 힘들었을까요? 아마 빈 화분을 들고 임금님을 만나는 순간이었을 듯싶어요. 이때 핑의 아버지는 다음과 같은 말을 해줬어요.

"정성을 다했으니 됐다. 네가 쏟은 정성을 임금님께 바쳐라."

이 말은 결과를 가지고 이야기한 것이 아니라, 과정 자체를 인정해 준 말입니다. 그동안 최선을 다했으니 괜찮다고 지지해주고 응원해줬다는 것을 알 수 있어요. 자녀를 키우면서 기다려주고 격려해 주는 것만으로도 아이들에게 큰 힘이 될 수 있다는 것을 보여줍니다.

핑의 자부심과 좌절

핑은 꽃을 가꾸는 일을 잘 알고 있었기 때문에 씨앗을 받으면서 누구보다 행복해했을 거예요. 화분을 돌보면서 당연히 예쁜 싹이 피어날 것을 기대했겠지요. 그러나 화분에서는 아무 일도 일어나지 않았어요. 얼마나 당황스러웠을까요? 그래도 핑은 포기하지 않고 여러 가지로 시도해 봅니다.

아이들 주변을 둘러보세요. 쉽게 관심을 끌 만한 다양한 놀잇감, 자극적인 게임 등 많은 것이 있습니다. 굳이 한 가지에 매달릴 필요가 없는 거지요. 오랜 기다림이나, 느린 것에 익숙하지 않을 수도 있기에 쉽게 포기하고 싶을 때도 있을 거예요. 때로는 모든 일이 내 생각대로 안 될 수도 있다는 것을 아는 것은 중요합니다. 실패를 경험한다는 것은 또 다른 방법을 찾아 볼 새로운 기회를 만날 수도 있는 것이니까요.

아이들에게 적적한 좌절은 좋은 경험이 됩니다. 이런 실패 경험이 '끝이구나'가 아니라 '또 다른 방법이 있나 보네.'라고 생각하게 하는 기회이니까요.

격려는 새로운 힘을 북돋아 주어요!

무슨 노력을 해도 꽃이 피지 않는 빈 화분을 보며 핑은 크게 슬펐을 거예요. 그렇게 임금님에게 가야 할 시각이 다가오고 말았지요. 처음에는 궁에 들어갈 생각도 하지 못하고 있었어요. 하지만 빈 화분을 들고 궁궐에 들어가기로 결심했지요. 어떻게 그런 결심을 할 수 있었을까요? 그것은 아버지의 격려 때문이었습니다. 결과보다는 과정이 훌륭했다고 용기를 북돋아 주었기 때문이에요. 자기가 하는 일의 가치를 알 때 힘이 나는 법이지요. 핑의 아빠가 힘들었을 핑의 마음을 들여다 봐주고 속상한 마음에 공감해 주었기에 핑은 새로운 용기를 낼 수 있었던 것입니다.

아이와 소통하기

정직에도 때로는 용기가 필요하답니다

아이들끼리 지내다 보면 의도하지 않았던 행동들로 인해 친구와 싸우거나 다쳐서 어른에게 혼나는 일이 생기도 합니다. 이럴 때 감정 표현하기가 서툴면 자기도 모르게 거짓말을 해버리거나, 남 탓을 하게 되지요. 결과로만 모든 것을 판단하는 것에 익숙한 분위기에서는 정직하면 손해 볼지도 모른다는 생각 때문일 것입니다.

부모는 아이의 거울이 되어 거짓말했을 때 어떻게 반응했는지를 보여주는 것이 필요합니다. 현상을 객관적으로 바라보는 통찰력과 지혜는 부모님으로부터 배울 수 있기 때문이지요.

일이 일어난 결과보다는 과정에서 평소 자신의 감정에 대해 공감을 잘 받았던 친구라면 먼저 두려워하는 마음보다는 자신의 기분과 상황을 잘 표현할 수 있을 겁니다.

그렇다면 임금님은 왜 아이들에게 씨앗을 정성껏 키워 오라고 하고는 익힌 씨앗을 주신 걸까요? 임금님은 익힌 꽃씨를 통해서 아이들의 정직함을 보고 싶었던 겁니다. 정직하고 용기 있는 사람이 임금이 돼야 한다고 생각한 것이지요. 하지만 아무리 정직한 사람이라도 좋지 않은 결과 앞에서 용기를 내는 것은 매우 어려운 일입니다. 핑이 망설인 이유가 바로 그것이잖아요.

넘어져야 일어나는 법을 배울 수 있고, 실패를 경험해야 실패를 딛고 일어서는 법도 배울 수 있는 것 아닐까요. 매번 성공만 한다면 실패를 견뎌내는 법은 영원히 배울 길이 없을 테니까요. 사실 핑에게는 꽃을 못 피운 것보다는 그 결과를 임금님 앞에 보여야 하는 것이 더 힘들었을 것입니다. 그래요. 핑에게는 굉장한 용기가 필요한 시간이었을 거예요. 핑의 이러한 면들을 칭찬하며 책을 읽어준다면 아이들이 이런 정직함의 가치를 자연스레 닮아갈 수 있을 것입니다.

학교에 입학해서 규칙적인 생활에 적응해야 하는 아이들에게 있어서 높은 자존감은 매우 중요합니다. 자존감이라는 것은 어떠한 실패와 좌절을 겪어도 다시 도전하려는 생각이 들고, 모르는 것을 부끄럽게 생각하지 않게 할 수 있기 때문이지요.

남과 잘 어울리려면 나에 대한 이해와 나의 능력에 대한 이해가 먼저 되어야 합니다. 내가 잘하는 것과 못 하는 것을 찾아내고, 아는 것과 모르는 것을 정직하게 말할 수 있어야 합니다. 정직할 수 있다는 것에는 때로 용기도 필요합니다. 실수와 실패가 허용되는 환경에서 성장한 아이들은 자기 자신을 있는 그대로 인정하고 받아들이기가 쉽습니다.

아이와 활동하기

1. 아이들은 무엇 때문에 다른 씨앗으로 바꾸어 심었을까요?

2. 핑은 왜 다른 친구들처럼 다른 씨앗을 심지 않았을까요? 핑은 다른 친구들과 어떤 점이 달랐나요?

함께 읽으면 좋은 책

부엉이와 보름달

진정한 용감함이란 밖으로 드러내는 것보다 안으로 인내하며 자기 마음을 잘 알아채는 것이라는 점을 깨닫게 해 주는 책이다. 부엉이를 구경하고 어른이 되기 위한 과정에서 아이는 추위도 견뎌야 하고, 소리 내지 않아야 하며, 기다릴 줄 알아야 한다. 그런 과정을 통해서 자기 성장을 보여주는 책이다.

존 쇤헤르 그림 ㅣ **제인 욜런** 글 ㅣ **박향주** 옮김 ㅣ **시공주니어**

내 배가 하얀 이유

톰은 귀엽고 평범한 고양이입니다. 그러나 약속을 잘 지키지 않는 나쁜 습관이 있습니다. 친구들과 열매를 따기로 해놓고 지각하는 바람에 화가 난 친구들은 모두 돌아가 버립니다. 여러 가지 사건을 겪으며 자신의 행동을 되돌아보게 됩니다. 그러면서 스스로 약속을 지키지 않아 일이 이렇게 벌어지고 있다는 것을 깨닫게 됩니다. 자신이 할 수 있는 일이 무엇인지 정확히 아는 것도 친구들과 사이좋게 지내는 방법이라는 것을 알 수 있어요.

구마다 이사무 글·그림 ㅣ **양미화** 옮김 ㅣ **문학동네어린이**

10

혼자 사는 세상이
아니랍니다.

거짓말 대장

대런 파렐 글·그림
천미나 옮김
책과콩나무

이 책에서는 정직의 중요성을 말하고 있습니다. 정직
이란, 자신의 마음에서 거짓이 없고 꾸밈없는 바르고 곧은 마음을 말
합니다. 그런데 왜 어른들은 아이들에게 정직하게 살아야 한다고 말할
까요? 중요한 건 정직하면 내 마음의 양심에 거리낌이 없어 마음이 아
프지 않다는 것입니다. 물론 사람들이 말하는 양심이란 눈에는 보이지
않습니다. 그러나 정직하게 말하지 않고 거짓말하거나 행동하게 되면

마음이 불편하고 아프기도 하답니다. 또 정직하게 말하지 않고 습관처럼 거짓된 행동을 하게 되면 거짓을 진실한 상황으로 받아들여 마음이 아프지 않게 된답니다. 그 예가 2015년 뉴스에 나왔던 '한인 천재 소녀의 거짓말'일 것입니다.

이렇듯 정직하지 않으면 자기에게 문제가 된답니다. 그러나 자기의 문제뿐만 아니라, 사람들과의 관계에서 문제가 발생하기도 합니다. 사람들 관계에서 신뢰라는 것은 매우 중요합니다. 그런데 자꾸 거짓으로 말하고 행동하는 사람을 만나면 신뢰감을 쌓을 수가 없답니다. 결국, 신뢰할 수 있는 관계 맺기가 어려워져서 사람들과 좋은 관계를 맺을 수 없게 됩니다. 혼자 사는 세상이 아니고 함께 어울리며 살아야 하는 세상이기에 거짓말을 자주 하게 되면 외톨이가 될 수 있답니다.

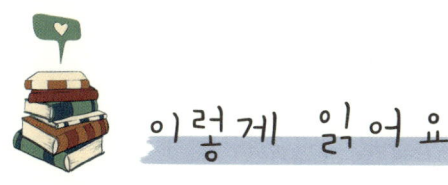

거짓말은 왜 하게 될까요?

지금까지 살아오면서 거짓말을 해본 적이 한 번도 없었나요? 아이들이라면 정직하게 말하면 혼날까 봐 거짓으로 말하기도 합니다. 즉, 난처한 상황을 벗어나려 거짓을 말하기도 합니다.

이 책에서도 사이좋은 덩과 덩치는 어느 날 서커스 공연을 구경하러 갑니다. 그러나 공연이 시작하기도 전에 덩이 덩치의 팝콘을 다 먹어버립니다. 그러고는 덩치가 "팝콘 잘 가지고 있냐?"는 물음에 덩은 잘 있다고 거짓말합니다. 덩은 자기가 먹지 않았다고 콩알만 한 말에서 시작된 거짓말은 점점 커지게 됩니다. 결국, 덩은 거짓말 풍선이 커지면서 거기에 매달려 우주까지 날아가게 됩니다. 덩이 덩치에게 난처한 상황을 모면하려 거짓말을 한 것입니다.

이 책에서 덩은 자기가 팝콘을 먹었으면서도 잘 있다고 말했지요. 하지만 덩치는 초코바를 다 먹었다고 합니다. 덩과 덩치는 왜 거짓말을 했을까요? 만약 내가 덩과 덩치 각각의 입장이었다면 어떻게 말했을지 생각해보게 해주세요. 아이는 덩과 덩치가 난처한 상황을 벗어나려 거짓말을 왜 했는지 이해하게 될 것입니다.

누가 더 큰 거짓말을 했을까요?

이 책을 더욱 재미있게 읽으려면 책을 읽기 전에 겉표지의 그려진 동물이 무엇일까라는 질문으로 아이에게 책에 대한 호기심을 높여 주세요. 그러면 책 내용으로 들어갔을 때 아이들에게 친근한 '양'과 '코끼리'의 캐릭터로 표현되어 책의 흥미를 더 끌 수 있습니다. 그리고 우주까지 날아갔던 덩은 돌아온 후 "그다음부터 덩은 다시는 거짓말을 하지 않았다고 합니다." '덩이는 정말 그랬을까요?'라는 질문으로 아이와 이야기해 보세요.

작가의 유쾌함으로 표현된 이 책은 덩의 작은 거짓말에서 시작돼 우주까지 날아가는 내용이 전반적입니다. 그러나 뜻하지 않은 덩치의 초코바 이야기 사건으로 반전이 있는 재미있는 책입니다. 책을 다 읽은 후 첫 속표지 첫 장의 덩이와 덩치가 시소를 타고 있는 그림과 연결해 보면 아이들의 사고력이 확장될 것입니다. 과연 팝콘을 다 먹은 덩이와 초코바를 먹은 덩치 가운데 누가 더 큰 거짓말을 하고 있을까요?

친구 없이 놀러 간다면 어떤 마음이 들까요?

이 책은 주인공 괴짜 양 '덩'과 코끼리 '덩치'가 주고받는 말을 말 주머니에 넣어 만화적 표현으로 구성 되어 있습니다. 주인공 괴짜 양 '덩'과 코끼리 '덩치'는 아주 친한 친구 사이로 함께 서커스 공연을 보러 갑니다. 이 장면에서 책 읽기를 잠시 멈추고 아이에게 "만약 덩이나 덩치가 혼자 서커스 공연을 보러 간다면 어떤 마음이 들었을까요?"라고 물어봐 주셔도 됩니다. 아이는 친구와 함께하는 시간이 즐겁다고 생각해 볼 것입니다.

이 책의 주제인 '정직'은 덩과 덩치가 서커스 공연을 보러 가면서 주고받는 대화에서 시작됩니다. 작가는 노란 말풍선과 파란 말풍선으로 거짓과 거짓말이 아닌 것을 구분해 두었습니다. 아이에게 말풍선 색으로 덩과 덩치가 어떠한 말을 어떻게 나누었는지 찾아보게 하는 것도 주제를 찾는 데 도움을 줄 수 있습니다. 더불어 거짓말이란 익숙한 주제로 아이들 스스로 거짓말에 대한 교훈을 생각하게 힐 수 있습니다.

콩알만 한 거짓말이 눈덩이처럼 커져요

팝콘을 먹지 않았다는 덩이의 콩알만 한 거짓말은 덩이를 저 멀리 우주로 날아가게 했습니다. 우주에는 크고 작은 거짓말 풍선들이 참 많았습니다. 너무 오래되어 늙어 버린 거짓말 풍선, 꼬리에 꼬리를 무는 거짓말, 제각각의 거짓말들이 많이 있었지요. 덩이는 무척 슬퍼합니다. 다시는 자기가 있던 자리로 돌아가지 못할까 봐서요. 그래서 덩이는 팝콘을 먹었다고 정직하게 털어놓습니다. 정직하게 말한 후 덩치의 등 위로 돌아온 덩이는 마음이 편해집니다. 그런데 팝콘을 먹었다는 덩의 말에 덩치는 화를 내지 않습니다. 덩치는 덩의 초코바를 먹었다고 말하거든요. 덩치는 왜 솔직하게 말하지 못했을까요? 결국, 덩이의 콩알만 한 거짓말은 산더미처럼 커지고 나중엔 돌이킬 수 없는 큰 거짓말이 된다는 교훈을 줍니다.

아이와 소통하기

거짓말을 하면 어떻게 될까요?

덩은 거짓말을 해서 우주까지 날아갔다고 정직하게 말하고는 자신이 있던 덩치의 등 뒤로 되돌아옵니다. 그런데 만약 덩이 끝까지 팝콘을 먹었다고 정직하게 말하지 않았으면 덩치와의 사이는 어떻게 되었을까요? 덩치가 다음에 또 덩이에게 팝콘을 맡길까요? 또 덩과 덩치가 계속 친한 친구 사이로 남았을까요? 아마도 덩치는 덩이에게 다시는 팝콘을 맡기지 않을 겁니다. 물론 친한 친구로도 계속 남아 있기 힘들어지겠죠. 왜냐하면, 덩치가 덩이를 믿지 못할 테니까요. 또 덩이가 덩치에게 정직하게 말하지 않고 이 책이 끝났다면 책 뒤표지의 덩이 말을 우리가 믿을 수 있을까요? "이 책은 엄청 재미있거든. 진짜야!"라며 파란색 말풍선으로 되어 있습니다. 덩이의 이 말을 믿을 수 있을지 생각해 봐야 합니다.

가장 좋은 훈계는 스스로 깨닫게 해주는 거에요

덩이는 거짓말이 널려 있는 우주 세계에서 눈물을 흘리며 거짓말한 것을 후회합니다. 그래서 "내가 먹었어!"라고 크게 외치게 됩니다. 덩이가 큰 소리로 진실을 말하자 놀라운 일이 일어납니다. 덩이가 진실을 말하고 나자 서커스 공연장으로 되돌아오게 됩니다. 그것도 거짓말을 하기 전의 덩치 등 뒤로. 덩이의 행동과 말을 통해 아이들에게 거짓을 말했다면 진실하게 말하는 것이 중요하다는 것을 가르쳐줘야 합니다. 진실 되게 말하고 나면 덩이처럼 좋은 일이 생길 수 있을 테니까요.

아이를 키우면서 훈계로만 키울 수는 없습니다. 정말 좋은 훈계는 아이가 스스로 생각하고 느끼게 해 주는 것입니다. 오히려 아이에게 거짓말을 하게 되면 어떻게 되는지 알려주는 것이 현명합니다. 우주에서 슬퍼진 덩을 보면서 "거짓말을 많이 해서 슬픈가 봐, 어떡하지?"라고 물어보면 아이들은 "사실대로 말하면 되지."라며 혼자서 답을 찾게 됩니다. 정직한 아이로 키우려면 진실 되게 말하는 습관과 작은 거짓말이 걷잡을 수 없이 커진다는 점을 스스로 깨닫게 해 주어야 합니다. 결국, 어려서부터 솔직하게 말하고 스스로 답을 찾아가는 훈련이 필요하답니다.

 아이와 활동하기

1. 나만의 국어사전을 만들어 보세요.

[예시]

1) 거짓말 : 사실이 아닌 것을 사실인 것처럼 꾸며 대어 말을 함.

2) 정직 : 마음에 거짓이나 꾸밈이 없이 바르고 곧음.

[나만의 의미 사전]

장점	
단점	

2. 덩과 덩치의 각각 입장에서 했던 선택을 나라면 어떻게 말했을까?

 내가 덩이었다면?

 덩치 입장에서 나라면,

3. 다음 상황에서 내가 했던 거짓말과 그때의 마음이 어땠는지 생각해 보아요.

　－ 부모님께 혼나는 게 무서웠을 때

　－ 학원에 가기 싫었을 때

4. 친구들에게 거짓말을 안 하는 가장 좋은 나만의 방법을 알려 주세요.

내가 거짓말을
안 하는 방법은요?

말해 버릴까

일학년 다카시 반 선생님은 아이들에게 나팔꽃 씨앗을 하나씩 나누어 줍니다. 그러던 어느 날 다카시의 화분에는 세 개의 새싹이 돋아납니다. 어떻게 된 일일까요? 선생님은 분명 아이들에게 하나의 씨앗만을 나누어 주었는데 말입니다. 일학년인 다카시를 통해 잘못을 저지르고 불안해하는 아이의 심리가 잘 표현된 책입니다. 아이의 실수에 대한 간접 경험을 통해 솔직함에 대한 교훈을 주고 있습니다.

히비 시게키 글 | **김유대** 그림 | **양광숙** 옮김 | **보림**

개구리와 두꺼비는 친구

개구리와 두꺼비는 수영을 하러 갑니다. 두꺼비는 개구리에게 수영복 입은 자신의 모습이 우스우니 보지 말라고 말합니다. 그러나 주변에 있던 친구들이 개구리의 말을 듣고 두꺼비의 수영복 입은 모습을 보고 싶어 했지요. 두꺼비는 창피해서 물속에서 나올 수 없었지만, 시간이 지나면서 너무 추워져 물 밖으로 나옵니다. 모두들 두꺼비의 모습을 보고 웃지요. 두꺼비가 "개굴아, 왜 웃니?" 물어보자 개구리는 뭐라고 말했을까요? 친구와 서로 다른 입장에서 생각해 볼 수 있는 책입니다. 이 책은 다섯 편의 이야기로 혼자가 아닌 친구와 함께한다는 것은 행복한 일이란 것을 알려 주고 있답니다.

아놀드 로벨 글·그림 | **엄혜숙** 옮김 | **비룡소**

11

배움의 즐거움을
알려주는 행복한
코알라 이야기

코알라와 꽃

메리 머피 글·그림

윤여림 옮김

한솔북스

배움이란 무엇일까요? 자기가 몰랐던 것을 새롭게 알게 되는 것, 그것이 배움이고 공부입니다. 부모라면 누구나 내 아이가 스스로 공부하고, 책을 좋아하는 아이로 성장하길 바랄 것입니다. 그런데 공부와 책 읽기를 즐겁지 않은 것으로 생각하는 아이들이 의외로 많습니다. 어떻게 하면 우리 아이가 배움의 즐거움을 경험할 수 있을까요? 억지로 누군가에 의해서 시작한 배움은 전혀 즐겁지 않습니다.

아이가 배운다는 것을 즐겁게 느끼게 될 때 "공부해!", "책 읽어야 해!" 라는 말을 하지 않아도 스스로 공부하고 알아서 책을 찾아 읽을 것입니다. 이 책은 새로운 것을 발견하는 기쁨과 몰랐던 것을 알게 되었을 때의 즐거움을 잘 보여주고 있습니다.

이 책에 등장하는 '코알라'는 질문이 많은 친구입니다. 그림으로밖에 본 적이 없는 노란 꽃을 처음 보게 된 코알라는 기쁜 마음으로 꽃을 꺾어 집으로 가져옵니다. 물이 있어야 꽃이 산다는 것을 몰랐던 코알라는 꽃이 죽자 크게 슬퍼합니다. 꽃을 만드는 방법이 궁금해진 코알라는 친구들에게 묻습니다. 오소리와 너구리가 알려주는 엉뚱한 방법으로는 도저히 꽃을 만들 수 없다는 걸 깨달은 코알라는 길을 나서게 됩니다. 길에서 마주친 잿빛 당나귀는 꽃 만드는 법은 모르지만, 궁금증이 생기면 늘 가는 곳이 있다고 이야기합니다. 잿빛 당나귀는 그곳으로 코알라를 데려갑니다. 당나귀가 궁금증이 생기면 가는 곳은 바로 도서관이었습니다. 코알라는 책을 통해 알게 된 것을 행동으로 옮겨 씨를 뿌리고 마침내 꽃을 피우게 됩니다.

이 책에는 코알라와 달리 뭐든지 단순하게 생각하고 늘 자신이 옳다고 생각하는 오소리와 너구리도 등장합니다. 오소리와 너구리는 자신이 옳다고 생각하기 때문에 코알라의 질문에 엉뚱한 대답을 합니다. 그러고는 질문이 많은 코알라를 멍청하다고 생각합니다. 노란색 바탕의 책표지에는 미소를 띠며 책 읽는 코알라의 모습이 참 인상적입니다. 하지만 오소리와 너구리는 책을 읽는 코알라를 비웃고 있습니다. 코알라가 책을 읽고 알게 된 방법으로 꽃을 심고 키울 때도 오소리와 너구리의 비웃음은 멈추지 않습니다. 코알라의 세상은 화려한 색채로 덧입혀져 있지만, 오소리와 너구리가 등장하는 장면은 모두 흑백으로 그려져 있습니다. 이것은 오소리와 너구리의 세상은 자기가 아는 것이 전부라고 생각하는 어둡고 좁은 세상을 의미합니다.

자신이 알고 있는 것을 전부로 여기지 않고, 지나가던 꽃 한 송이에도 관심을 가지는 호기심 많은 코알라에게 배울 점이 참 많습니다. 배움은 멀리 있는 것이 아니라, 자신이 궁금해하고, 관심 있는 것부터 시작한다는 것을 이 책은 보여주고 있습니다. 도서관의 수많은 책을 보고 "굉장하다!"라고 말하며, 읽고 또 읽는 코알라를 통해 배움의 진정한 즐거움을 느낄 수 있습니다. 꽃을 피우고 행복하게 웃음 짓는 코알라의 모습을 보면서 우리 아이도 그런 행복을 맛보게 되었으면 좋겠다는 생각에 흠뻑 빠지게 되실 것입니다.

이렇게 읽어요

오소리, 너구리와는 다른 코알라의 모습을 찾아보세요

오소리와 너구리가 집 안에 앉아 놀고 있을 때, 코알라는 밖으로 산책하러 나갑니다. 코알라는 노란 꽃을 발견하고 그 작은 호기심으로 출발해서 세상 구경도 하게 되고, 도서관에도 가보게 되었지요. 그리고 놀랍게도 아름다운 꽃을 피울 수 있었답니다. 코알라가 만약 주변 사물에 관심을 두거나 질문하지 않았다면, 오소리와 너구리처럼 어두운 집 안에만 있었을 거예요.

우리 아이도 코알라처럼 새로운 것에 호기심이 많지 않은가요? 지금 아이는 한참 세상에 대한 호기심이 강하고 질문이 많아지는 시기랍니다. 질문은 아이의 생각을 자극하고, 답을 찾기 위해 움직이게 하는 놀라운 힘을 가졌답니다. 낯선 무언가를 발견했을 때 우리 아이는 어떤 반응을 보이나요? 혹시 아이가 궁금한 것을 질문하면 당연한 것을 왜 묻느냐며 핀잔을 준 적은 없었나요? 아이가 궁금해하는 것에 늘 귀 기울여 주시고, 질문이 많다며 귀찮아하지 말아 주세요. 모든 배움과 공부의 시작은 질문에서 시작합니다. 호기심이 많은 아이가 더 크게 성장할 수 있답니다. 호기심이 많다는 건 세상에 대한 눈이 더 열려 있음을 의미하는 것이기 때문이지요.

오소리와 너구리처럼 아이가 궁금해하는 것이 별로 없다거나 질문하지 않는다면 어떻게 하면 좋을까요? 그때는 여러분이 나서서 함께 세상에 대한 여러 가지 질문을 아이에게 해보세요. 엄마의 질문에 아이가 생각을 자꾸 하다 보면 새로운 질문을 품게 될 거예요. 그렇게 계속 소통하면서 서로 질문하는 시간을 가져보세요. 시간이 흐르면 아이도 질문하는 것이 익숙해지고, 자연스럽게 질문이 많은 아이로 자랄 거랍니다.

그리고 아이가 궁금해하는 것을 해결하기 위해 이것저것 다양한 방법을 시도해서 답을 찾을 수 있도록 도와주세요. 여러분이 아는 답이라고 성급하게 또는 쉽게 답을 내려주지 말고요. 코알라가 처음부터 쉽게 답을 찾았다면 어땠을까요? 꽃 만드는 여러 방법을 찾아보고, 직접 책을 찾아 읽어보면서 꽃을 피우는 과정을 직접 체험했기 때문에 코알라는 더 기쁘고 더 행복했을 거예요. 이 성취감으로 인해 코알라는 또 새로운 질문이 생긴다면 스스로 답을 찾아 나가지 않을까요? 아이에게 답을 찾기 위해 어떤 방법을 찾아보면 좋을지 스스로 생각해보게 하는 것도 아이의 배움을 폭넓게 만들어 주는 것입니다.

코알라가 책을 읽게 된 동기는 무엇일까요?

잿빛 당나귀를 따라 궁금증이 생기면 늘 가는 도서관에 도착한 코알라는 "굉장하다!"라고 외칩니다. 세상에 책이 이렇게 많을 줄 몰랐고, 궁금증을 풀고 싶어 하는 동물들이 많다는 사실에 놀라움을 표현한 것이지요. 코알라처럼 놀라운 감정을 느낄 수 있도록 도서관에 가서 다양한 분야의 책을 경험하게 해주세요. 엄마가 읽히게 하고 싶은 책을 쥐여주기보다는 아이 스스로 책을 골라볼 수 있도록 도와주세요. 그래야 책 읽기의 즐거움을 스스로 찾아 나갈 수 있답니다.

코알라가 책을 읽고, 읽고, 또 읽을 수 있었던 힘은 호기심에 대한 답을 찾기 위했던 것도 있지만, 스스로 배낭에 책을 가득 넣어 집에 왔기 때문이랍니다. 어른도 마찬가지이지만, 아이들은 특히 누군가에 의한 강요보다 스스로 선택한 책을 더 기분 좋게 읽을 수 있답니다. 그래서 더욱 책을 읽고 꽃 피우기를 실천할 힘이 생긴 것이지요.

코알라가 책을 읽고, "아, 꽃은 이렇게 생기는구나!" 하고 멈췄다면 어떻게 되었을까요? 씨앗을 뿌리고 싹을 틔우고 꽃봉오리가 맺히는 과정을 거쳐 활짝 핀 꽃을 직접 볼 수는 없었을 거예요. 궁금증을 해결하고 끝나는 것이 아니라 배움을 실천하는 것 또한 얼마나 중요한지 코알라는 잘 보여주고 있어요. 내가 직접 심은 씨앗이 자라 꽃이 되는 과정, 이것은 책으로 배울 때가 아니라 직접 경험했을 때 비로소 완전한 배움이 된다고 할 수 있어요. 아는 것에서 그치지 않고 배운 것을 삶에서 적용해보고, 실천할 수 있도록 격려해주세요.

또 여러 방면에서 배움의 즐거움을 느낄 수 있도록 다양한 경험을 제공해주는 것도 중요합니다. 배운다는 것을 즐겁게 생각할 수 있도록 상황을 조성해주세요. 아이가 한 분야에 호기심이 생겼다면 그 호기심을 자극할 수 있는 환경을 유지해 주는 것 역시 필요합니다. 박물관이나 미술관, 유적지에 방문해보는 것도 좋고, 음악회나 연극 등 다양한 문화생활을 경험하게 해주세요. 이때 연관된 책을 찾아보고 팸플 릿을 보면서도 공부할 수 있어요. 꼭 어딘가를 가지 않아도 생활 속에 서 배운 것을 나눌 수 있답니다. 함께 텔레비전 프로그램을 보면서 대 화하는 것만으로도 생활 속에서 배움을 쌓는 좋은 경험이 될 수 있다 는 것을 잊지 마세요.

아이와 소통하기

궁금증을 해결했을 때의 기쁨을 느끼게 해 주세요

우리 아이는 언제 책을 읽나요? 아이가 책을 볼 때 어떤 표정을 짓 고 있나요? 책 표지에 책을 보는 코알라의 표정이 참 즐거워 보입니 다. 아이에게 책을 볼 때 어떤 기분이 드는지 물어보세요. 코알라처럼 우리 아이도 책을 볼 때 즐거울 수 있을까요? 혹시 보기 싫은 책을 억 지로 보고 있지는 않은지 살펴보세요. 그렇다면 코알라가 즐겁게 책 을 읽는 이유가 궁금하지 않은지 질문해보세요. 아이에게 너무너무 궁 금했던 사실을 처음으로 알게 되었을 때 어떤 기분이 드는지 이야기 를 나눠보세요. 코알라가 책을 보면서 웃음 지을 수 있었던 이유는 코 알라가 너무 궁금해하던 꽃 만드는 법을 책에서 발견했기 때문이라는 것을 알려주세요.

평소에 우리 아이도 궁금한 것들이 있지 않은가요? 궁금한 것이 생겼을 때 그냥 지나치지 않고 해답을 찾도록 도와주는 것이 중요합니다. 궁금한 게 생겼을 때 어떻게 하면 좋을지 물어보세요. 코알라는 처음에 오소리와 너구리를 찾아가 물었어요. 그리고 여기저기 돌아다니며 궁금증을 해결하기 위해 노력했어요. 그리고 도서관에서 가서 많은 책을 읽으면서 굉장한 경험을 하게 되었던 것을 떠올려보도록 해보세요. 궁금한 것이 생기면 먼저 주변 사람들에게 질문하는 습관을 길러주는 것도 도움이 됩니다. 그다음에는 직접 해답을 찾기 위해 여러 방법을 알아보고, 책도 찾아 읽을 수 있도록 도와주세요. 우리 아이도 궁금증이 풀렸을 때의 기쁨을 한 번 경험하게 되면 계속 새로운 궁금증의 해답을 찾고 싶어질 겁니다.

아이와 활동하기

1. 코알라가 책을 읽는 모습을 보세요. 여러분은 어떤 생각이 드나요?

2. 코알라는 오소리, 너구리와 다른 점이 많았어요. 서로 다른 점을 찾아 보세요.

코알라	오소리와 너구리

3. 코알라는 꽃이 어떻게 생기는지 궁금했어요. 여러분도 코알라처럼 궁금한 점, 알고 싶은 것을 찾아 질문으로 만들어 보세요.

4. 도서관이나 서점에 가서 나의 궁금증을 해결할 수 있는 책을 찾아 읽어보세요.

도서명			
작가		출판사	
별점 수			
책을 읽고 알게 된 점			

물어보길 참 잘했다!

이 책에는 궁금하거나 모르는 것이 있어도 부끄러워서 잘 물어보지 못하는 우물쭈물 '알라코'가 등장합니다. 질문을 하면 원하는 것도 얻을 수 있고, 몰랐던 걸 배울 수 있지요. 뭐든지 쉽게 찾을 수 있고, 하고 싶은 걸 할 수도 있습니다. 또 다른 사람과 나의 생각이 같은지 다른지도 알 수 있답니다. "물어보길 참 잘했다!"라고 외치는 알라코를 통해 질문의 중요성을 느껴보세요.

이찬규 글 ｜ **심윤정** 그림 ｜ **애플비**

질문? 질문? 질문!

호기심이 많고 모든 게 궁금한 아이의 엉뚱한 질문이 시작됩니다. 끝이 없는 질문으로 상상하는 힘이 길러지고, 멋진 이야기까지 완성되는 과정이 재미있게 그려지고 있습니다. 재미있고 기발한 질문과 함께 창작의 즐거움까지 느낄 수 있는 유쾌한 책입니다.

마리 루이스 게이 글·그림 ｜ **김세실** 옮김 ｜ **베틀북**

12

진정한
공부의 자세를
배워요

피튜니아, 공부를 시작하다

로저 뒤봐젱 글·그림
서애경 옮김
시공주니어

언제 공부를 시작하시나요? 보통 이런 질문을 하면
학교에 다닐 때 공부를 한다고 대답하는 사람들이 많습니다. 하지만
생각해보면 사람은 태어나는 순간부터 공부를 시작합니다. 아무것도
배우지 않고서는 이 세상을 살아갈 수 없기 때문이지요. 어쩌면 우리
는 세상에 배우기 위해 태어난 것일지도 모릅니다. 배움을 통해 인간
은 성장하고 변화하게 되니까요. 공부를 단순히 학교와 연관 지어 생

각하게 된다면 공부를 강요나 의무감으로만 생각하기 쉽고, 더 깊이 있는 공부를 할 수 없게 됩니다.

그러면 어떤 계기를 통해 공부를 자발적으로 하게 될까요? 궁금증이나 호기심이 생겨 공부를 시작하기도 하지만, 공부를 통해 삶을 더 지혜롭고 알차게 살 수 있다는 것을 직접 경험하게 될 때 비로소 진정한 공부가 시작될 수 있습니다. 공부를 살아가기 위해서 마땅히 해야 한다고 여기는 마음으로 하는 공부는 삶을 더욱 풍요롭게 만들 수 있을 것입니다.

그런데 공부하면서 지식을 얻게 되면 교만한 마음이 들기 쉽습니다. 학교에서 공부 잘하는 아이가 잘난 척을 하거나, 공부 못하는 아이를 무시하는 모습을 쉽게 볼 수 있습니다. 하지만 진짜 공부하는 사람의 마음가짐과 자세는 어떤 모습일까요? 공부는 하면 할수록 끝이 없다는 것을 경험하게 되면 오히려 겸손한 마음이 들게 됩니다. 내가 아는 것은 정말 지식의 아주 작은 일부분이며, 내가 아는 것이 전부가 아니라는 마음을 지니게 되는 것이지요. 그리하여 내가 공부를 통해 얻은 지식을 남에게 알려주거나 돕는 일에 쓸 수 있어야 합니다.

이 책은 주인공 피튜니아를 통해 진정한 공부의 자세에 대해 잘 보여주고 있습니다. 하는 짓이 어수룩해서 맹추라고 놀림을 받는 암거위가 책을 발견하고 벌어지는 하나의 해프닝을 다루고 있지요. 책을 지닌 사람은 지혜롭다는 말만 떠올린 주인공 피튜니아는 책을 지니고 다니면서 점점 교만해져 갑니다. 도움을 요청하는 다른 동물들에게 말도 안 되는 엉터리 해결을 해주다가 결국 폭죽과 함께 피튜니아의 교만함과 지혜는 날아가 버리게 됩니다. 자신이 조금도 지혜롭지 않다는 것을 깨닫고 나서야 드디어 지혜로워지기 위해 읽는 방법을 배우기 시작합니다.

피튜니아의 엉뚱한 행동으로 인해 벌어지는 사건 자체만으로도 아이들이 재미를 느끼기에 충분한 책입니다. 피튜니아의 교만한 마음과 행동을 생각해보면 공부할 때는 어떤 마음과 자세를 가지는 것이 좋을지 알 수 있습니다. 피튜니아의 달라질 모습을 상상해보고, '책' 읽기에 대해 생각해보는 시간도 가질 수 있습니다.

이렇게 읽어요

피튜니아가 한 행동들의 잘잘못을 가려보세요

맹추라고 놀림당하는 피튜니아가 목장을 산책하다가 낯선 물건인 '책'을 발견합니다. 그리고 주인집 펌킨 씨가 아들 빌에게 말했던 "책을 지니고 있고 책을 사랑하는 사람은 지혜롭다."라는 이야기를 떠올리게 됩니다. 그러고는 책을 들고 다니면서 애지중지하기로 마음먹습니다.

피튜니아가 책을 들고 다니면서 애지중지하기로 한 것은 참 잘한 행동입니다. 하지만 주인집 펌킨 씨가 말한 것을 제대로 이해하지 못했습니다. 책을 가지고 다니기만 하면서 자기가 지혜로운 줄 알고 점점 교만해져 갔으니까요.

책을 지니고 책을 사랑하는 사람은 어떤 모습일까요? 아이들에게 그런 사람의 모습을 떠올려보도록 해보세요. 진정으로 책을 사랑하는 사람은 책을 가지고 있지만은 않을 거예요. 책을 사서 책장에 꽂아두기만 하고 읽지 않는다면 그 책은 아무런 도움이 되지 않습니다. 책을 읽고 그 내용을 자신의 것으로 만드는 시간이 필요합니다. 하지만 피튜니아는 그런 시간 없이 책을 가지고 다니기만 하면서 자신이 지혜로워졌다고 착각합니다.

목장의 동물들은 책을 지니고 다니는 피튜니아의 모습을 보고 여러 도움을 요청합니다. 부탁받지 않은 것까지 기꺼이 동물 친구들을 도우려는 피튜니아의 모습은 보기 좋아 보입니다. 하지만 피튜니아는 잘 알지 못하면서 자기 생각대로 아무렇게나 친구들에게 조언을 해줘서 친구들은 오히려 더 큰 어려움에 처하게 됩니다. 어쩌면 친구들을 진짜 도우려는 마음보다 자신의 지식을 뽐내려는 것이었을지도 모릅니다.

"위험", "취급 주의", "폭죽"이라고 적힌 상자의 글씨를 읽을 줄 모르면서 친구들에게 사탕이라고 적혀 있다고 말해서 동물 친구들 모두가 다치게 됩니다. 자신이 모르는 것은 모른다고 말할 수 있어야 하는데, 잘 알지도 못하면서 자기 생각대로 섣불리 말하여 엄청난 결과로 이어졌습니다. 여기서 모르는 것이 있을 때는 어떻게 행동해야 하는지 아이와 함께 이야기를 나눠보면 좋습니다.

피튜니아의 행동들을 살펴보면서 무엇을 잘했는지 칭찬해보고, 잘못한 행동을 찾아보며 책을 꼼꼼하게 읽다 보면 아이와 이야기할 게 많아질 것입니다. 피튜니아의 모습을 통해 교훈과 배울 점을 많이 찾을 수 있을 겁니다.

피튜니아가 어떤 모습으로 달라질지 상상해보세요.

피튜니아의 교만함이 폭죽과 함께 날아가 버립니다. 자기가 조금도 지혜롭지 않다는 것을 깨닫게 되었습니다. 그리고 생각하고, 또 생각하고 끝내 한숨을 내쉬며 "이제 알았다. 지혜는 날개 밑에 지니고 다닐 수는 없는 거야. 지혜는 머리와 마음속에 넣어야 해. 지혜로워지려면 읽는 법을 배워야 해."라고 말합니다. 정말로 지혜로워지기 위해서 피튜니아는 읽는 법부터 배우기 시작합니다.

책을 읽기 시작한 피튜니아는 어떤 모습으로 변하게 될까요? 친구들의 문제도 척척 해결해줄 수 있는 해결사가 되어 있겠죠? 다른 동물 친구들에게도 책을 읽는 법을 알려주게 될지도 모릅니다. 피튜니아가 살고 있는 목장에 책이 점점 많아지는 기분 좋은 상상도 해볼 수 있을 거 같아요.

어떤 모습을 그려 봐도 피튜니아는 목장에서 꼭 필요한 인물이 되어 있을 거라는 생각이 듭니다. 그리고 더 이상 교만하지 않을 거랍니다. 책을 읽으면 읽을수록 배워야 할 것은 끝이 없다는 것을 깨닫게 되겠죠. 교만함과 자신감은 다르다는 것을 아이에게 알려줄 필요가 있습니다. 진짜 자신감 있는 사람은 많이 안다고 자신의 지식을 뽐내거나 드러내며 잘난 체하지 않습니다. 자기가 알고 있는 것에 대한 확신으로 안정감 있게 행동할 수 있고, 또 자기가 아는 것이 전부가 아니라는 겸손한 마음도 지니게 될 겁니다.

지혜로운 사람은 어떤 모습을 하고 있을지 아이에게 상상해보라고 해보세요. 그리고 지혜로워지기 위해서 아이가 할 수 있는 일도 스스로 찾아보게 하면 어떨까요? 지혜로워지기 위한 다양한 방법이 있겠지만, 이 책을 읽고 나면 지혜를 얻으려는 방법으로 '책' 이야기는 꼭 나올 겁니다.

책이 왜 지혜를 가져다주는지 또 책을 통해서 얻을 수 있는 것들은 무엇일지 찾아보는 것도 좋습니다. 지혜를 얻기 위해 책은 어떻게 읽어야 할까요? 책을 잘 읽는 데 필요한 것은 무엇이 읽을지 생각해보세요. 읽기 방법을 배울 필요도 있고, 책에 집중할 수 있는 고요한 시간도 필요할 거예요. 책은 단지 가지고 있거나 한 번 읽었다고 끝난 것이 아니랍니다. 그 내용을 완전히 내 것으로 이해할 수 있을 때까지 반복해서 읽는 것이 좋겠지요. 이렇게 지혜를 가져다주는 책 읽기에 대해 계속해서 대화하다 보면 아이들 스스로 지혜를 얻기 위해 책을 찾아 읽는 사람이 될 것입니다.

 아이와 소통하기

공부할 때 중요한 것은 겸손한 마음이에요

우리 아이는 공부할 때 어떤 마음으로 시작하나요? 혹시 공부를 통해 알게 된 지식을 뽐내거나 자랑하려고 공부한 적은 없는지 물어보세요. 이 책의 주인공 피튜니아는 책을 읽지도 않고 가지고 다니기만 하면서 자기가 정말로 지혜로운 줄 알고 점점 교만해지고 있어요. 아무리 똑똑하고 지식이 많은 사람이라도 잘난 척하는 모습을 보이면 아무도 좋아하지 않는다는 것을 알려주세요. 공부할 때는 늘 자신이 아는 것보다 모르는 것이 더 많다는 겸손한 마음가짐이 필요합니다. 그리고 자신이 알게 된 지식을 다른 사람에게 알려주고 돕는 일에 쓰는 것이 진짜 공부 잘하는 사람의 모습이라는 것도 알려주세요.

만약 자기가 모르는 것을 누군가 물어오면 솔직하게 모른다고 말할 수 있는 용기가 필요하다는 것 역시 아이에게 알려주세요. 모르는 것은 부끄러운 것이 아니라고요. 모르는 것이 있다면 이번 기회를 통해 배울 수 있게 된 것으로 생각하면 됩니다. 오히려 피튜니아처럼 거짓으로 알려주게 되면 나중에는 감당할 수 없을 만큼 큰일이 생길시도 모르니까요. 모르는 게 있다는 것을 알게 되면 머리와 마음속에 지혜를 넣기 위해 책을 펼쳐보도록 해주세요. 그러면 언젠가는 정말로 지혜로워져서 주변 사람들을 도와줄 수 있는 일이 많아진다고 설명해주세요.

아이와 활동하기

1. 피튜니아가 잘한 행동과 잘못한 행동을 찾아 그 이유와 함께 적어보세요.

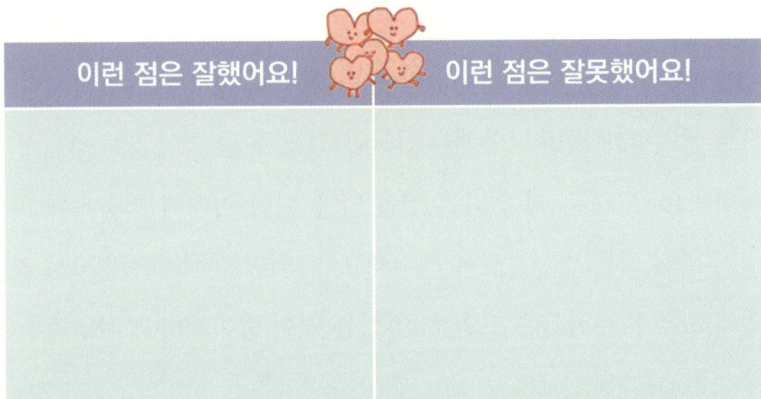

이런 점은 잘했어요!	이런 점은 잘못했어요!

2. 지혜로운 피튜니아가 되어 친구들의 문제를 해결해보세요.

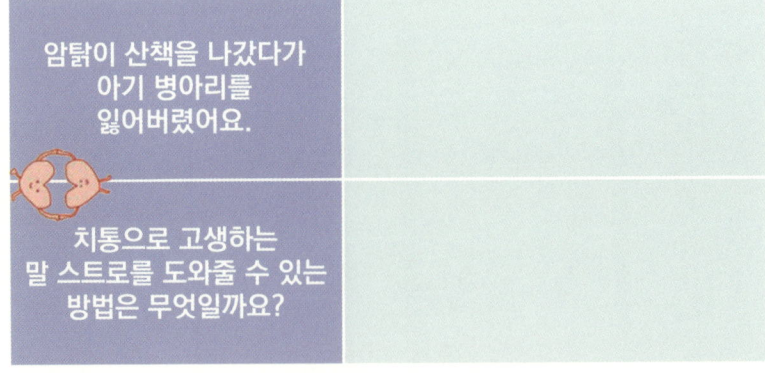

암탉이 산책을 나갔다가 아기 병아리를 잃어버렸어요.	
치통으로 고생하는 말 스트로를 도와줄 수 있는 방법은 무엇일까요?	

| 목장의 개 노이지의 머리가 토끼 굴에 박혀서 빠지지 않아요. | |
| 아기 고양이 코튼이 나무 위로 올라가 내려오지 못하고 있어요. | |

3. 책을 처음 보는 동물들에게 지혜로워지려면 어떤 방법으로 책을 읽어야 하는지 소개해주세요.

피튜니아, 여행을 떠나다

공부를 시작한 피튜니아가 어떻게 살고 있는지 궁금하다면
이 책을 읽어보세요. 하늘 위로 날아가는 비행기를 본 피튜
니아가 비행기처럼 산 너머 세상이 얼마나 넓은지 보려고 하
늘을 날아 도시로 여행을 떠나는 여정이 소개되어 있습니다.
농장과 달리 커다랗고 정신없는 도시에서 점점 작아지는 기
분을 느끼다가 다시 시골로 돌아와 행복해하는 피튜니아를
만나보세요.

로저 뒤봐젱 글·그림 ┃ **서애경** 옮김 ┃ **시공주니어**

조선 제일 바보의 공부

김득신은 1,500편이 넘는 시를 남기고 조선 중기 당대
최고라는 평을 받은 사람입니다. 하지만 그의 어린 시
절은 까마귀 아이라고 놀림을 받을 정도로 머리가 나빴
습니다. 머리가 나쁘니까 다른 사람보다 더 많이 읽어
야겠다는 마음을 먹고 읽고 또 읽고, 책 한 권을 만 번
까지 읽습니다. 끝까지 아이를 믿어주고 공부하는 자

세를 차분히 가르쳐주는 아버지가 있었기에 가능했던 일이지요. "참 잘했다. 공부는 꼭
과거를 보기 위해 하는 것은 아니란다."라고 말하는 아버지의 말 속에서 진정한 공부의
의미를 생각해보게 만듭니다.

정희재 글 ┃ **윤봉선** 그림 ┃ **책읽는곰**

흔히 책이라고 하면 인쇄된 책만을 떠올리지만, 넓게 보면 책은 이야기입니다. 즉, 이야기를 품고 있는 것들은 모두 책이라고 할 수 있습니다. 우리가 일상에서 겪는 모든 사건이 한 편의 이야기잖아요. 따라서 아이가 경험하는 일상의 모든 것들은 책이라고 할 수 있습니다. 중요한 것은 그런 일상의 사건들을 특별하게 느끼게 해주고 그것을 통해 생각하는 힘을 길러주는 어른의 노력입니다.

임성미 《초등 인문독서의 기적》 중에서

자신의 감정을 정확하게 알고 표현하는 게 중요해요
서현, 《눈물바다》

내 얘기 좀 들어 주세요
주디스 바이올스트, 《난 지구 반대편 나라로 가버릴 테야!》

인사는 꼭 필요해요
엘리센다 로카, 《왜 인사해야 해?》

장소에 따라 지켜야 할 예절이 있어요
세실 조슬린, 《어떻게 해야 할까요?》

마음을 표현하면 더 행복해요
박정선, 《고맙습니다》

가장 좋은 선물은 감사랍니다
쥬디 바레트, 《벤자민의 생일은 365일》

CHAPTER 3

책으로
인성
키우기

대인관계

다른 사람의 마음을 헤아릴 수 있어요

13

자신의 감정을
정확하게 알고
표현하는 게 중요해요.

눈물바다

서현 글·그림
사계절

사람들은 감정적으로 행동하기 때문에 자신의 감정을 정확하게 이해하는 것은 아주 중요한 일이랍니다. 감정 표현이란 웃음, 화남, 슬픔 등과 같이 어떤 일에 대하여 일어나는 마음이나 기분 상태를 말합니다. 간혹 사람들은 자신의 감정을 너무 표출하거나 자제하지 못해 인간관계에서 큰 문제를 일으키기도 합니다. 또 자신의 감정을 정확하게 이해하지 못하면 타인의 감정 또한 제대로 이해하지 못하게 됩니다. 즉, 사람들과 소통하는 공감 능력에 문제가 생기는 것이지요. 여기서 공감은 상대를 이해하는 능력입니다. 자기를 이해해 주는 사람이 있다면 아이는 행복해합니다. 그래서 아이들은 자신의 감정을 정확하게 느끼고 표현하면서 타인의 감정을 공감하는 능력이 중요합니다. 자신의 감정을 돌아보고 점검하는 것은 아이의 정신건강에 도움이 되며, 아이의 행복과도 연결되기 때문입니다.

아이 둘을 키우면서 아이가 왜 계속 우는지 영문도 모르는 채 지켜볼 때가 있었습니다. 아이를 키우면서 이런 경험을 한 번쯤은 해 보시지 않았나요? 처음엔 "왜 울어?"라고 묻죠. 그러나 달래는 데도 계속 울기만 하면 제가 힘들어서 "그만 좀 울어!"라며 화를 냈던 기억이 납니다. 사실 아이가 이유 없이 운 것이 아닌 데도 말입니다. 제가 아이의 감정을 이해하지 못한 것처럼 우리 어른들은 아이의 감정을 이해하지 못할 때가 있지요. 이 책 역시 아이의 상황이나 감정을 어른들이 이해하지 못해 속상해합니다. 정말 우리 아이들은 학교나 집에서 매일 즐거운 일만 있을까요?

이 책은 학교와 집에서 일어나는 아이의 일상적인 사건을 다룬 책입니다. 학교에서는 짝꿍 때문에 선생님께 혼나고 집에 와서는 부모님이 다투고 계셔서 힘든 하루를 보낸답니다. 그래서 아이는 자신의 방 침대에 누워 밤새 울어서 흘린 눈물이 바다를 이루게 됩니다. 자신을 혼내던 사람들을 자신의 눈물바다로 쓸고 가게 되는 재미있고 속이 시원해지는 환상적인 이야기지요. 그림들이 만화적 상상으로 표현되어 있어 책의 내용과 그림을 비교해서 읽으며 아주 재미있게 읽어 볼 수 있답니다. 그리고 '만약 내 아이의 상황이었다면 어떤 마음이었을까?', '나는 어떻게 아이의 마음을 풀어 주었을까?'를 생각해 보세요.

주인공 아이가 내 아이의 상황이라고 생각하면서 읽어보면 내 아이의 감정을 이해하고 이 책에서 주는 재미를 더욱 깨닫게 된답니다. 그리고 속상하거나 외롭거나 안 좋은 일이 있을 때 한바탕 울어 보라고 말하고 있습니다. 울고 나면 마음에 있던 미움과 억울함이 해소되어 다시 마음의 안정을 찾아 웃을 수 있다는 겁니다. 자기감정 표현의 중요성을 생각해 볼 수 있습니다.

이렇게 읽어요

책 속 숨어 있는 재미를 찾아 흥미를 높여 주세요

이 책을 읽기 전 《눈물바다》 겉표지의 그림을 보면 아이의 웃는 듯한 얼굴에 눈물이 고인 것을 볼 수 있어요. 그런데 아이의 눈물 속에 바다처럼 물결을 이루고 그 눈물 속에 빠져서 허우적거리는 모습이 재미있게 그려져 있습니다. 그리고 첫 페이지 빗물들은 모두 눈물을 흘리는 것으로 그려져 있고 마지막 페이지에 내리는 빗물은 모두 환하게 웃고 있지요. 작가는 왜 첫 페이지와 마지막 페이지의 빗방울 모양을 다르게 표현했을까요? 아이와 《눈물바다》란 제목과 이 그림들을 통해 떠오르는 상상들을 말하게 해 보세요. 아이는 무척 재미있어하며 책의 내용도 예측해 볼 수 있답니다.

책으로 들어가서는 아이들이 학교 수업이 끝나고 집으로 돌아가는 길에 비가 내리죠. 그런데 우산들은 개구리 모양이며, 달걀 프라이의 모습으로 재미있게 상상하여 표현했답니다. 또 집에 돌아온 아이는 커다란 공룡의 모습을 한 부모님을 만나게 됩니다. 왜 부모님을 공룡으로 표현했을까요? 아이의 입장에서 한번 생각해 보세요. 그리고 "너는 엄마, 아빠를 어떻게 표현하고 싶니?"라고 질문하거나, 아이가 생각하는 엄마, 아빠의 모습을 자유롭게 표현해 보라고 해 주세요. 아이는 자신의 상상으로 부모님을 표현해 보고 부모님들은 아이가 엄마, 아빠의 모습을 어떻게 생각하고 있는지 조금을 알 수 있을 것입니다. 또 아빠의 모습을 넥타이로, 엄마의 모습은 주방에서 쓰는 뒤지개와 약간의 곱슬머리로 표현했지요. 여기서 아이들에게 누가 엄마이고 아빠인지를 물어봐 주세요. 물론 아이가 왜 그렇게 생각하는지 그 이유를 물어보면 좋습니다. 책을 읽으면서 아이는 자기 생각에 대한 이유를 찾아 말하게 되는 것이지요. 아이가 자연스럽게 자기 생각을 이유와 함께 말할 때 설득력이 있다는 것을 알려주는 방법이기도 합니다.

그리고 《눈물바다》에는 작가의 만화적 상상이 표현된 장면인 주인공 아이의 눈물바다 속에 사람들이 빠져 허우적거리는 장면이 있습니다. 여기서 아이들과 숨은그림찾기 놀이를 해 보세요. 이 장면에서 바다와 관련된 동화 주인공들이 등장하고 있답니다. 아이와 함께 동화의 주인공을 찾아내면서 연관된 책 이야기를 하거나 다음에 읽을 책으로 선정해 보면 좋습니다. 아이에게 책 속에 숨어 있는 내용을 재미있게 하여 책을 읽는 흥미를 키워 줄 수 있는 방법의 하나입니다.

아이도 외로울 때가 있어요

학교에서는 시험을 봤는데 아는 게 없어 시험을 망치고, 짝꿍과 함께 장난을 쳤는데 선생님한테 혼자만 혼이 나네요. 장난은 짝이랑 쳤는데 선생님이 짝은 혼내지 않고 나만 혼내니 이 아이의 마음은 어떠했을까요? 또 억울하고 힘들었던 학교에서의 일과가 끝나고 신나게 집으로 돌아가려 합니다. 그러나 비가 내리고 있어요. 친구들은 모두 우산을 쓰고 집에 가고 있는데 말이죠. 비가 오든 안 오든 학교 끝나고 집에 가는 것은 신나는 일이지만, 친구들은 다 우산을 쓰고 집에 가는데 나만 우산이 없으면 어떤 기분이 들까요? 아주 속상하고 우울하겠죠. 그래도 집에 가면 좋은 일이 있을 거란 생각해 볼까요? 기분이 좋아지지요. 그래서 속상한 마음을 가라앉히며 비를 맞고 흠뻑 젖어 집에 도착했어요. 그런데 집에 도착하니 공룡들이 싸우고 있네요. 아이는 부모님을 공룡이라고 말하죠.

이 책에서 부모님을 공룡으로 크게 표현하고 아이는 작게 표현하고 있습니다. 아마도 아이는 속상한 자신의 마음을 이야기하고 싶었을 겁니다. 그러나 아이의 마음을 받아줄 상대가 없다는 것을 무서운 존재로 인식되어 있는 공룡으로 표현 했습니다.

만약 학교에서 안 좋은 일이 있었던 날, 집에는 부모님이 다투는 모습을 보았다면 아이는 어떤 마음일까요? 이 책은 아이들도 외로울 때가 있다는 것을 생각해 보게 한답니다.

내 눈물바다에 빠진 사람은 누구일까요?

마지막 장면에 주인공은 "시원하다, 후아!"라며 웃고 있답니다. 마음에 안정을 찾았기 때문이겠지요. 이 책을 읽은 후 내 감정을 참고 억누르고만 있는 것보다 차라리 한바탕 울고 나면 힘든 감정이 해소되는 것을 알 수 있답니다. 눈물은 미움과 억울함이 해소되어 마음의 안정을 되찾았음을 다시금 생각하게 하지요. 그래서 이제부터 눈물이

나려고 할 때는 참지 말고 흘리려고요. 만약 나만의 어렵고 힘든 일을 풀어내는 방법을 찾지 못했다면 지금부터라도 다시 찾아보면 어떨까요? 창피하거나 누가 볼까 봐 울지 못하겠으면 자기 방에 들어가서 소리 내서 실컷 울어보세요. 정말 속이 후련해질 겁니다. 그러면서 내 눈물바다에 빠뜨리고 싶은 사람이 누구인지 떠올려 보세요. 또 건져 주고 싶은 사람과 아직 건져 주고 싶지 않은 사람이 누구인지를 생각하면서요. 아직 내 눈물바다에 빠져 있는 사람에게는 미움이 남아 있는 것이지요.

 아이와 소통하기

울고 싶을 때는 실컷 울게 해 주세요

집에 돌아와 부모님이 싸우는 모습과 밥을 남겨 혼자 외로워진 아이는 어떻게 했나요? 자기 방 침대에서 힘들고 지친 몸을 눕히고 결국 눈물을 흘립니다. 학교에서 억울한 일, 집에 돌아올 때 혼자만 우산을 못 쓴 일, 부모님이 다투는 모습 등 힘들고 속상한 마음을 이야기하고 싶었을 텐데…. 자신의 억울하고 힘든 이야기를 들어 줄 사람이 없다는 것은 정말 슬프고 외로운 일이겠지요.

생각해 보세요. 아이가 얼마나 외롭고 속상했으면 눈물이 바다를 이

루었을까요? 아이가 흘린 눈물이 바다가 되어 오늘 종일 나를 속상하게 했던 사람들을 자신의 눈물바다에 빠뜨립니다. 자기의 눈물바다에 빠져 사람들이 허우적대는 모습을 보면서 즐거워합니다. 오늘 하루 힘들고 외롭게 했으니 그랬을 겁니다. 그런데 우린 아이가 실컷 울고 나서 웃는 모습을 볼 수 있습니다. 아이들의 순수한 마음이 보이죠. 자기를 힘들게 했지만, 사람들이 허우적대는 모습을 보고 미안한 마음에 자신의 눈물바다에서 사람들을 꺼내 주잖아요. 그러면서 "모두들 미안해요."라며 말하잖아요. 사람들이 마음이 속상하고 짜증 나고 외롭고 억울할 때 눈물을 흘리는 게 결코 나쁘거나 잘못된 건 아닙니다. 실컷 울고 난 주인공이 '시원하다. 후아.'라는 걸 보니 속상하고 힘든 일이 있을 때 실컷 울고 나면 정말 속이 시원하다는 것을 알 수 있습니다. 우리 아이가 속상한 일이 있거나 화가 났을 때 자신의 감정을 푸는 방법이 하나쯤 있으면 좋을 것 같죠. 주인공처럼요! 그러므로 아이가 울고 싶어 하면 실컷 울게 시간을 주세요.

감정의 크기가 다르니 아이의 마음에 공감해 주세요

부모가 아이의 마음에 공감해 주는 게 중요합니다. 그래야 아이는 자신의 감정을 솔직하게 말하고 표현한답니다. 아이들의 감정은 사소한 일에도 어른들과는 달리 매우 크게 느끼고 예민해집니다. 학교 운동장을 떠올려 보세요. 우리가 다니던 초등학교 운동장은 어릴 때는 크게 느껴졌지만, 어른이 되어 가보면 작게 느껴진답니다. 학교 운동장이 우리 어른들에게는 작게 느껴지는 것처럼 아이들의 감정 크기는 어른들의 감정 크기와는 다르기 때문입니다. 특히, 부모님이 다투는 모습은 아이들 마음에 두려움과 외로움을 커지게 하는 모습입니다.

그래서 아이 입장에서 아이의 마음을 이해해 주는 것은 매우 중요하답니다. 간혹 속상한 일이 있을 때 사람들과 만나 이야기를 나누다 보면 마음이 편안해지고 스트레스가 풀리는 듯한 느낌이 들 때가 있죠. 때로는 사람들과 만나 이야기를 나눌 때 그 사람의 상황에 대해 들어주기만 할 때가 있습니다. 그런데 신기하게도 화가 나 있던 상대는 어느 순간 같이 웃으면서 이야기를 나누고 있습니다. 그것은 이야기를 나누면서 상대의 마음에 공감해 주었기 때문이죠.

그래요. 부모님이 아이의 마음에 공감해 주는 것은 아이의 솔직한 감정 표현에 아주 큰 도움을 준답니다. 만약 이 책의 주인공도 공룡들이 싸우는 모습이 아니고 학교에서 있었던 상황에 대해 충분히 이야기를 들어주었다면 아이는 혼자 외로워하지 않았을 겁니다. 우리 아이가 자기감정을 솔직하게 표현하게 아이의 마음에 공감하고 들어만 주어도 아이들은 자기감정을 솔직하게 표현하겠죠.

아이와 활동하기

1. 주인공 아이에게 있었던 속상한 일은 무엇이었으며, 자기감정을 풀어 낸 방법을 정리해 보세요.

2. 사람들은 생각에 따라 기분도 바뀐답니다. 내가 만약 주인공과 같은 상황이었다면 어떻게 했을지 생각해 보고 나만의 해결 방법을 말해 보세요.

3. 나를 속상하게 만든 사람 중에 '눈물바다'에 빠뜨리고 싶은 사람이 있나요? 그 사람으로 인해 나는 무엇 때문에 속상했는지 떠올려 보고 이유도 말해 보세요.

4. 다음 표정들을 보고 어떤 상황에 적절한 표현인지 말해 보세요.

5. 내 '눈물바다'에 빠진 사람을 보면서 나는 어떤 생각이 들까요?

괴물들이 사는 나라

칼데콧 수상작인 《괴물들이 사는 나라》는 괴물들이 무섭기보다는 귀여움을 보여주는 책입니다. 엄마에게 혼이 난 맥스는 밤에 늑대 옷을 입고 여러 가지 장난을 치죠. 맥스의 방은 숲이 되기도 하고 자신의 전용 배를 타고 항해를 하면서 괴물들의 나라에 도착하게 됩니다. 그런데 맥스가 괴물들에게 "가만있어!"라고 하자 괴물들은 맥스의 말을 따릅니다. 여기서 맥스가 엄마에게 억압받았던 감정을 해소하게 되는 거지요. 괴물들이 맥스의 말에 모두 따르게 되자 맥스는 다시 외로움을 느끼고 혼을 내던 엄마의 밥 냄새를 그리워하며 집으로 돌아온다는 내용입니다. 결국, 아이들이 자기감정을 표현하고 해소하는 일은 매우 중요하다는 것을 보여주는 책이지요.

모리스 샌닥 글 | **강무홍** 옮김 | **시공주니어**

지각대장 존

나를 완벽하게 이해해 주는 사람을 만나기는 힘들겠죠. 하지만 무서운 선생님 앞에서도 자신의 감정을 자유롭게 표현하라고 이 책의 작가는 이야기하고 있습니다. 존은 학교 가는 길에 예상하지 못한 일들이 생겨 지각합니다. 하수구에서 악어가 나와 존의 가방을 물어가거나, 사자가 나타나 존의 바지를 물어뜯는 것이죠. 사람들이 사는 곳에 악어나 사자가 나타날 리 없잖아요. 그래서 선생님은 존이 학교에 지각한 이유를 말하면 거짓말이라며 더욱 혼을 낸답니다. 존은 자신의 마음을 이해해 주는 사람을 만나기 위해 길을 떠납니다. 즉, 자신의 마음에 공감해주고 다독여 줄 사람이 중요하다는 것이지요. 만약 학교 선생님이 존을 혼내기보다 한 번쯤 존의 마음에 공감해 줬다면 어땠을까요?

존 버닝햄 글·그림 | **비룡소**

14

내 얘기 좀
들어 주세요.

난 지구 반대편
나라로 가버릴 테야!

주디스 바이올스트 글
레이 크루즈 그림
고슴도치

주디스 바이올스트는 심리 상담전문가이자 칼럼니스트이면서 세계적으로도 유명한 동화작가입니다. 이 책은 작가의 아들 안소니, 닉, 알렉산더가 실제로 겪었던 일을 작가가 동화로 옮겨 쓴 이야기랍니다.

어느 날 알렉스는 아침에 눈 뜨면서부터 잠들 때까지 계속 운 나쁜 일만 겪습니다. 일어나자마자 머리는 온통 껌투성이가 됐고, 아침 식사 시간에 형들 시리얼에서는 장난감이 나왔지만, 알렉스 시리얼에서는 아무것도 나오지 않죠. 학교 갈 때도 숨 막히는 가운데 자리에 앉게 됩니다. 등굣길의 차 안은 너무 좁아 몸이 부서질 것 같았지요. 자리가 좁아 토할 것 같다고 투덜거려도 아무도 들은 체하지 않아요. 학교에서도 선생님께 칭찬은커녕 꾸지람만 듣죠. 친구들과도 다투고 말아요. 학교 수업이 끝난 뒤 치과에도 가고, 신발도 사러 갔어요. 하지만 충치는 알렉스만 있고, 형들은 멋진 줄무늬 신발을 샀지만, 알렉스가 신고 싶은 색은 다 팔리고 없었어요. 가족과 함께 간 아빠 사무실에서는 알렉스가 잉크를 쏟는 바람에 그곳도 엉망이 되고 말았어요. 집으로 돌아가 저녁을 먹을 때부터 목욕하고 잠들 때까지 어느 것 하나도 마음에 들지 않았어요. 형이 전에 주었던 베개를 빼앗아 가버리는 바람에 화를 내다 혀까지 깨물었어요. 엄마는 어쩌다 그런 날도 있다고 위로하지만, 알렉스는 이런 일이 일어나지 않을 거란 기대에 지구 반대편으로 가고 싶어 합니다.

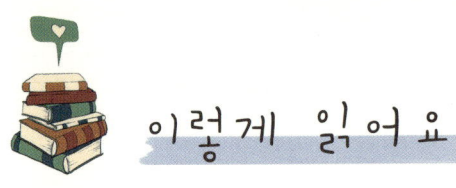
이렇게 읽어요

화가 났을 때는 마음을 털어 놓아요

　알렉스의 표정을 보니 기분이 영 좋아 보이질 않네요. 그에게 무슨 일이 일어난 걸까요? 형들은 가지고 싶은 걸 얻었는데 알렉스만 얻지 못했으니 기분이 나쁠 만도 하네요. 등굣길에 즐거운 일만 생기면 좋을 텐데 화나는 일이 생기는 날도 있어요. 누구나 그런 경험이 있겠죠!

　학교에서 수업시간에 또는 친구들과 놀다가 속상하거나 억울한 적은 없었을까요? 아이들은 모두 알렉스와 비슷한 경험이 있을 거예요.

　알렉스가 아침에 일어났을 때 머리에 온통 껌이 붙어 있었지요. 그래서 알렉스는 온종일 나쁜 일이 일어날 거라고 미리 단정을 지어버렸지요. 그리고 실제 그런 일들이 계속 일어납니다. 마치 모두가 미리 계획된 것처럼 말이죠. 스케이트보드에 걸려 넘어지고 세면기에 스웨터가 빠져 옷이 젖고 말았죠.

　알렉스의 마음은 이미 삐딱해져 있어요. 그래서 미술 시간에 그림을 그리지 않고도 비밀 궁전을 그렸다고 우기며 선생님이 자기 그림만 칭찬해 주지 않는다고 생각하네요. 음악 시간도 화음을 맞추기보다 자기가 하고 싶은 대로 큰소리로 노래를 불렀어요. 친구들에게 방해가 되는 것은 신경도 쓰지 않고요. 왜냐하면, 알렉스는 지금 굉장히 기분이 나쁘니까요. 아마 아이들은 알렉스의 기분을 충분히 알 거예요.

이렇게 기분이 엉망일 때 알렉스에게 어떤 말을 해 주면 제일 좋을까요? 아이들한테 직접 물어보세요. 아마 아이들은 그 답을 알 수 있을 거예요. 알렉스를 통해 아이들이 자기한테 일어났던 기분 나빴던 경험들을 나누면서 속 시원함을 느낄 수 있을 거예요.

아이와 소통하기

따뜻한 공감이 중요해요!

이 책은 작가가 운 나쁜 하루를 보낸 막내아들 알렉산더를 위로하기 위해 쓴 책입니다. 작가는 심리 상담전문가로서 이런 말도 했어요.

"어린 시절에(부모로부터) 분리를 경험하게 되면 마음의 상처가 뼛속 깊이 새겨진다. 가장 원초적인 유대감―자신이 부모와 연결되어 있다는 감정―이 파괴되기 때문이다. (부모와 자식 사이의) 유대감은 아이에게 자신이 사랑스러운 존재라는 느낌이 들게 하고, 동시에 다른 사람을 사랑하게 한다. 따라서 이 최초의 애착 관계가 제대로 형성되지 않으면 성장한 후에도 전인적 인간이 될 수 없을 뿐만 아니라, 어쩌면 인간의 삶 자체를 힘겨워하게 될지도 모른다."

작가가 '알렉산더 형제'에게 책들을 남긴 것은 자식에 대한 이해를 보여줌과 동시에 많은 부모님과 그 감정을 나누기 위해서라고 생각합니다. 한번은 하교 시간이 되어 아이를 데리러 교실에 갔죠. 뒷문에서 보니 아이가 사물함에 기대어 서서 여기저기를 둘러보기도 하고 몸을 앞으로 뒤로 튕기며 서 있길래 종례 시간 전에 잠깐 무료함을 달래는 줄 알았어요. 그런데 잠시 후 선생님의 종례 소리가 들렸고 아이들이 모두 교실을 빠져나갈 때까지도 아이는 뒤에 혼자 서 있었죠. 아이는 벌을 받고 있던 거였어요. 나중에야 선생님은 아이를 불러 주의를 주고 집에 가라고 하시더군요. 그때 엄마를 발견한 아이는 엄마가 학교에 온 것이 좋았는지 신나서 쫑알쫑알 떠드는 거예요. 그런데 차에 가서 엄마가, "지원아~ 속상했겠다. 지원이 벌 받는 거 친구들이 모두 보면서 집에 가서 말이야. 괜찮니?"라고 했더니 그렇게 밝게 수다 떨던 녀석이 그때야 눈물을 뚝뚝 흘리며 울더라고요. 어찌나 가슴이 찡하던지요. 아이는 선생님께 혼나는 순간을 엄마가 보았으니 여러 생각이 떠올랐을 거예요. 혼날 수도 있겠구나. 그래서 더 수다쟁이가 된 것일 수도 있어요.

아이가 자기감정을 표현하지 않는다고 해서 상처를 안 받은 것은 아닙니다. 그냥 무심한 척하면서 상처를 덮어버리는 것이지요. 이런 것이 계속 쌓이다 보면 어느 한순간에 감정이 폭발해 버릴 수도 있어요. 그 공격성이 자기를 향할 때도 있고 알렉스처럼 주변의 모든 사람에게 향할 수도 있답니다.

이럴 때 아이에게 필요한 것은 자신의 속마음을 이해해 주는 부모님의 따뜻한 말 한마디입니다. 그 감정 단어를 통해서 자신의 감정을 객관적으로 인지할 수 있게 되죠. 이때 아이는 부모로부터 받은 위로가 자신에 대한 존중으로 이어져 긍정적인 느낌이 들게 되면서 자존감을 키우는 데 중요한 밑거름이 되는 것입니다.

부모님의 품을 떠나 학교와 친구와의 관계에서 여러 가지 감정적 충돌을 겪으며 힘들어할 때가 많지요. 그럴 때 이성적이고 논리적으로 잘잘못을 따지기보다는 아이의 감정을 먼저 읽어주고 '그래서 힘들었겠구나!'라는 말을 먼저 해 준다면 아이는 그다음의 감정을 알아채고 무엇 때문에 이런 일이 일어났는지를 비로소 생각할 힘이 생긴답니다.

아이의 감정을 이해해 주세요

머리에 껌이 붙고, 스케이트보드에 걸려 넘어지고, 스웨터를 세면대에 빠뜨렸어요. 도대체 왜 이런 일들이 벌어졌을까요? 이 모든 일이 자기가 만든 문제라는 것을 알렉스가 알았다면 운이 나쁘다는 말을 안 했을 거예요. 이를테면, 자기 전에 스케이트보드를 제자리에 갖다 놓았다면 어땠을까요?

지금 알렉스는 감정이 격렬한 상태예요. 그래서 누가 어떤 말을 해도 화가 나는 거죠. 더 이상 자신을 통제할 수 없는 상태가 된 거예요. 아이가 자신의 감정을 있는 그대로 표현한다는 것은 자연스럽고 건강하다는 증거이기도 합니다. 오히려 자신의 감정을 제대로 표현하지 못한다면 그거야말로 걱정할 문제지요. 부정적인 표현으로 화를 나타낸다고 해서 그것을 바로잡으려는 것은 좋지 않습니다. 먼저 충분히 공감해 주는 것이 우선돼야 합니다. 그러고 난 뒤 어떤 상황이 나를 화나게 했는지 볼 수 있게 도와주어야겠지요.

아이가 화가 났을 때는 어떤 신호를 보내는지 잘 살펴보세요. 아이가 하는 행동보다는 감정을 봐주어야 합니다. 이때 행동만 보고 있다면 비판과 지시만 하게 될 테니까요. 그러나 마음을 보게 된다면 아이의 감정을 이해하게 되면서 보살펴 주게 될 것입니다. 목소리는 어떤지, 말은 어떻게 하는지 잘 기억해 두었다가 다음에 똑같은 행동이 나오면 적절한 감정 단어를 사용해서 아이의 감정을 말로 표현해 주세요.

"폴이 너를 보고 더 이상 가장 친한 친구가 아니라고 해서 무척 섭섭했겠구나!" 그러면 아이가 자신이 처한 상황과 감정을 알아차리고 '아! 내가 지금 화가 났구나' 하는 생각을 할 수 있게 말이지요. 그러면 자신의 감정을 이해하고 조절하여 그 기분에서 벗어날 수 있을 것입니다. 그리고 "넌 지금 혼자만의 시간이 필요해."라고 말해 줘야 합니다. 이런 과정을 반복해서 연습하다 보면 아이가 화가 났을 때 '난 지금 혼자만의 시간이 필요해.'라고 생각하며 자기감정을 다스릴 수 있을 겁니다. 아이의 감정이 격해졌을 때마다 그 마음에 공감해 주고 이야기해주면서 아이 스스로 연습할 수 있도록 도와주어야 합니다.

인간의 감정을 통제하고 조절하며 타인과 원만한 관계를 유지할 수 있는 EQ(감성지수- emotional quotient)는 정서적인 능력을 측정하는 척도를 말합니다. 미국의 심리학자 다니엘 골만의 저서 《감성지수 emotional intelligence》에서 유래한 용어입니다. 다니엘 골만은 EQ

에 대해 다음과 같이 다섯 가지로 정의를 내렸습니다.

- 자신의 진정한 기분을 자각하여 이를 존중하고 진심으로 이해할 수 있는 결단을 내릴 수 있는 능력.
- 충동을 자제하고 불안이나 분노와 같은 스트레스의 원인이 되는 감정을 제어할 수 있는 능력.
- 목표 추구에 실패했을 때도 좌절하고 있지 않고 자기 자신을 격려할 수 있는 능력.
- 타인의 감정에 공감할 수 있는 공감 능력.
- 집단 내에서 조화를 유지하고 다른 사람들과 서로 협력할 수 있는 사회적 능력.

다니엘 골만, 《EQ감성지능》中

알렉스에게 필요한 EQ는 자신의 기분이 어떤 상태인지 알고 왜 그런 일이 일어났는지를 생각할 수 있어야 하겠지요. 하지만 아이들은 아직 시기적으로 이런 것들을 알아채기에는 어려요. 그러므로 자기감정을 잘 조절하지 못하다고 너무 조급해할 필요는 없습니다. 지금은 배워가는 중이라고 생각하고 옆에서 이야기를 나누는 것만으로도 충분하니까요.

공감 대화가 주는 효과

첫째, 자존감 높은 아이로 자랄 수 있어요.

둘째, 감정 표현이 자유로운 아이로 자랄 수 있어요.

셋째, 올바른 판단을 내릴 수 있죠.

넷째, 독립심, 자발성을 가진 아이가 될 수 있어요.

다섯째, 도전의식을 가진 아이, 성취감이 높은 아이가 될 수 있어요.

아이가 심하게 짜증을 낸다면 이런 상태일 겁니다.

첫째, 아이가 하고 싶은 일이 지금 자신의 수준을 넘어서기 때문일 거예요. 지적 발달과 신체 발달의 불균형 때문에 짜증이 나는 것이죠.

둘째, 자신의 행동이 다른 사람에게 어떤 영향을 미치는지를 알 수 있는 만큼 성숙하지 못했기 때문에 하고 싶은 대로 모두 표현하는 중인 거죠.

셋째, 독립적으로 행동하고 싶은 마음 때문일 거예요. 스스로 하고 싶지만 마음대로 되지 않고, 때론 그것이 고집으로 보여 혼나기 쉽죠. 하지만 무언가를 해 내려고 하는 것은 기본적인 아이의 욕구입니다.

아이와 활동하기

1. 다음 감정 단어를 읽어보고 알맞은 말의 뜻과 연결해 보세요.

행복 ●   ● 모자람이 없이 충분하고 넉넉함.

불만 ●   ● 마음에 꼭 맞지 아니하여 발칵 역정을
                         내는 짓. 또는 그런 성미.

짜증 ●   ● 두려워하는 느낌.

두려움 ●   ● 생활에서 충분한 만족과 기쁨을
                         느끼어 흐뭇하다.

사랑 ●   ● 어떤 사람이나 물건을 아끼고 소중히 여기
                         거나 즐기는 마음. 남을 이해하고 돕는 마음.

만족 ●   ● 기쁨이나 감격이 마음에 가득 차서
                         벅차다.

슬픔 ●   ● 마음에 들지 않아 못마땅하며 마음에
                         차지 아니함.

뿌듯하다 ●   ● 슬픈 마음이나 느낌.

2. 내가 겪었던 일들을 생각해 보고, 그 상황에 맞는 감정 단어를 넣어 짧은 글을 써 보세요.

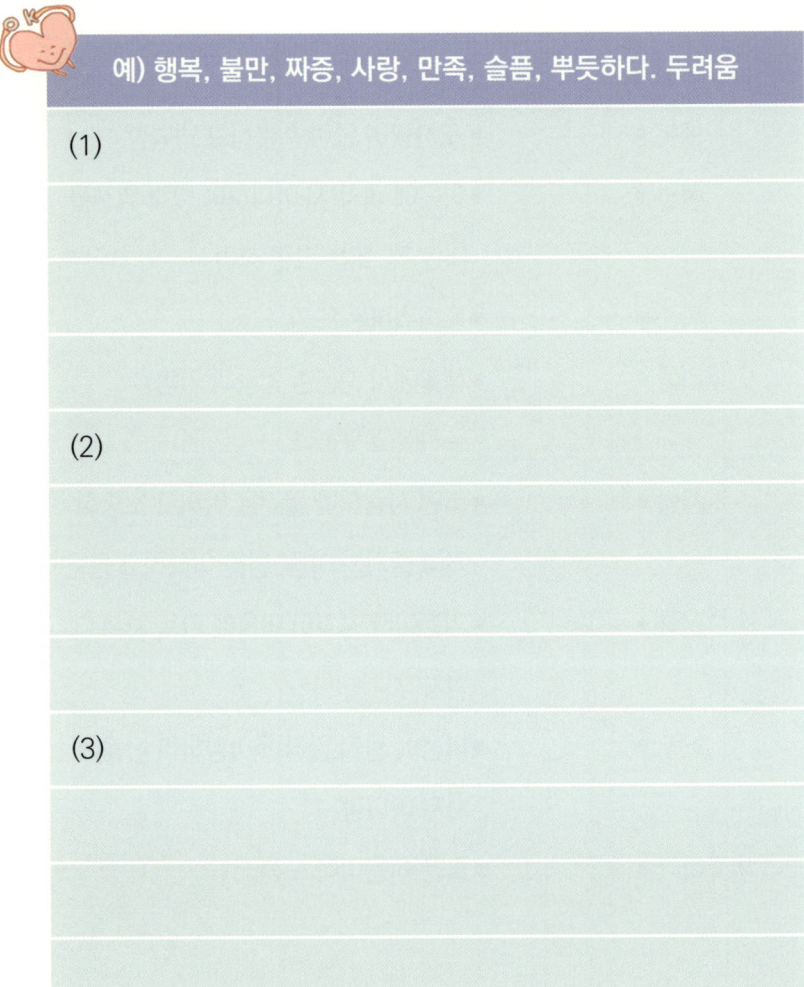

예) 행복, 불만, 짜증, 사랑, 만족, 슬픔, 뿌듯하다. 두려움

(1)

(2)

(3)

슬픔을 치료해 주는 비밀 책

롤리 이모네 놀러 간 제인은 기분이 아주 좋습니다. 그런데 막상 곁에 엄마, 아빠가 없다고 생각하니 슬퍼지기 시작했어요. 그때 롤리 이모가 슬픔을 치료하는 처방을 내려주고 제인은 그것을 하나씩 실행하면서 자기도 모르게 슬픔을 잊게 되죠. 첫 번째 처방으로 사과 주스를 천천히 마시며 사과가 열린 나무의 맛까지 느껴보라는 말, 너무 멋지지 않나요? 누구든 마음이 슬픈 사람은 이 책을 보세요.

카린 체이츠 글 ┃ **웬디 앤더슨 홀퍼린** 그림 ┃ **조국현** 옮김 ┃ **봄봄출판사**

소피가 화나면 정말 정말 화나면

언니가 장난감을 빼앗는 바람에 소피는 너무너무 화가 많이 났어요. 그래서 소리도 지르고 세상을 작은 조각으로 부수고 싶다고 생각하죠. 소피는 집 밖으로 나가 달리고 또 달립니다. 그리고 펑펑 울기도 하죠. 그러다 주위에 고사리도 보고 새소리도 듣고 나무로 올라가 바람도 만나죠. 넓은 세상에게 소피가 위로를 받습니다. 그렇게 화가 풀린 소피는 집으로 돌아와 다시 행복해집니다.

몰리 뱅 글·그림 ┃ **책읽는곰**

15

인사는 꼭 필요해요

왜 인사해야 돼?

엘리센다 로카 글
크리스티나 로산토스 그림
김정하 옮김
노란상상

살아가면서 우리는 다양한 상황에서 인간관계를 맺습니다. 그리고 관계의 시작은 인사에서 출발하지요. 만약 누군가를 만났을 때 인사를 하지 않는다면 어떤 일이 일어날까요? 상대방은 자신을 모른 척한다고 느끼고 기분 나쁘게 생각할 것이고, 이런 일이 일어난다면 두 사람의 관계가 지속되기는 힘들 것입니다. 인사(人事)란 마주 대하거나 헤어질 때 예를 표하는 말이나 행동입니다. 상황과 격식에 맞게 바른 인사를 할 수 있도록 아이들에게 알려주는 것은 매우 중요한 일입니다. 아는 사람을 만나면 반갑게 인사하는 것이 상대방을 존중하고 예의를 다하는 행동이기 때문입니다. 그리고 인사는 상대방을 향한 관심의 표현이기도 합니다. 이 책에는 입에 지퍼를 채운 것처럼 누구에게도 절대 인사를 하지 않는 '마르틴'과 '노라'가 등장합니다. 두 친구는 학교에서 선생님이 반갑게 인사를 해도 아무런 반응도 하지 않고, 물건을 사고 나갈 때도 인사를 하지 않습니다. 심지어 집에서 식사하거나 잠자리에 들 때 부모님의 인사에도 아무런 대답도 하지 않습니다.

결국, 두 친구는 사람들의 손가락질을 받으며 아무도 알아보지 못하는 투명 인간이 되고 충격에 빠지게 됩니다. 더 이상 이렇게 살 수 없다고 생각한 두 친구가 웃으면서 서로에게 인사하는 것을 연습하자 마법처럼 모습이 드러나기 시작합니다.

마르틴과 노라 같은 아이들에게 이 책은 인사가 왜 필요한지에 대해 재미있게 이야기해줄 수 있습니다. 아이들은 인사하지 않는 마르틴과 노라의 모습을 보고 의아하다는 생각을 합니다. 그러면서 각 상황에서 어떻게 행동하고 말하는 것이 좋을지 생각해보게 됩니다. 투명 인간이 된다는 설정에 아이들이 재미를 느끼기도 하면서, 인사를 하지 않을 때 벌어지는 일들을 상상해 보게 됩니다. 아이들은 인사는 언제나 꼭 해야 하는 것이며, 상냥하게 인사를 주고받으면서 사람들과 더욱 친밀한 관계로 발전할 수 있다는 것을 자연스럽게 배울 수 있습니다.

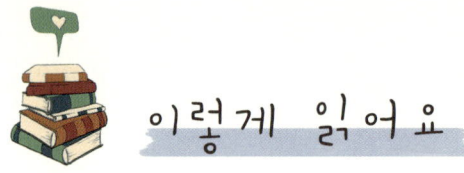

이렇게 읽어요

마르틴과 노라가 인사하지 않는 이유를 생각해보세요

책을 읽으면서 두 주인공의 행동을 잘 살펴보세요. 마르틴과 노라는 왜 인사를 하지 않는 것일까요? 두 친구는 부끄러움도 많을 뿐만 아니라 인사가 익숙하지 않아서 인사하는 것이 점점 어렵게 느껴졌을 거예요. 아이의 성향에 따라 마르틴과 노라처럼 부끄러움이 많을 수도 있고, 인사의 중요성을 알지 못할 수도 있습니다.

소심하고 부끄러움이 많은 아이들은 인사하는 것이 어려운 일로 느껴질 수 있어요. 아이가 인사를 잘 하지 못한다고 나무라거나 억지로 인사하는 것을 강요하기보다는 자연스럽게 인사하기를 배울 수 있게 도와주는 것이 좋습니다. 인사하는 것을 어려움으로 느끼고 있다면 먼저 어떤 부분에서 아이가 어려워하는지를 물어보면서 아이의 마음을 알아주는 것이 필요합니다.

인사하지 않을 때 마르틴과 노라의 속마음은 어땠을까요? 책을 보면 마르틴과 노라도 인사하지 않고 교실을 나올 때 뭔가 기분이 좋지 않다는 것을 느끼고 있어요. 부끄러움이나 귀찮음을 넘어서서 인사는 정말 기분 좋은 일이라는 것을 아이가 느낄 수 있게 해야 합니다. 먼저 누군가 자신을 보고 웃으며 반갑게 손을 흔들었을 때 기분이 좋아진다는 것을 경험하게 해주세요. 그러면 내가 반갑게 인사할 때 상대방도 그렇게 느낀다는 것을 알 수 있게 됩니다.

또 시간과 상황에 따라 어떤 인사를 해야 할지 모르는 경우가 있을 수도 있습니다. 마르틴과 노라도 연습을 통해 투명 인간에서 벗어나 인사를 즐겁게 할 수 있게 된 것처럼 아이와 함께 인사하기를 연습해 보세요. 시간과 장소에 따라 인사말이 달라진다는 것을 알려주고, 표정도 함께 연습해보는 것이 좋아요. 이 책에 등장하는 다양한 상황 속에서 어떻게 인사를 하는 것이 좋을지 아이와 이야기를 나눠보세요. 마르틴과 노라가 각 상황에서 어떻게 행동하는 것이 좋을지 이야기하다 보면 상황에 어울리는 인사를 배울 수 있게 될 겁니다. 그리고 책에 나오는 상황 이외에도 인사가 필요한 다양한 상황을 제시해주고, 함께 연습해보세요.

마르틴과 노라에게 인사했던 사람들의 마음은 어땠을까요?

마르틴과 노라가 인사를 받아주지 않았을 때 사람들은 어떤 마음이었을까요? 기분이 상하기도 하고, 속상하기도 했을 거예요. 다시는 마르틴과 노라에게 인사하지 말아야겠다고 생각하는 사람도 있었을 거예요. 그래서 결국 마르틴과 노라는 아무도 관심 두지 않고 알아보지 못하는 투명 인간이 된 것입니다. 이 책은 이렇게 인사를 하지 않으면 어떤 일이 생길까에 대해서 생각해볼 수 있도록 도와준답니다.

아이가 인사를 할 때 상대방이 어떻게 생각하고 받아들일지 생각해보게 하는 것이 좋아요. 마르틴과 노라는 부끄러움이 많은 자신의 감정 때문에 인사를 건넨 상대방의 마음을 생각해볼 수 없었어요. "누군가 너에게 인사를 건네는 것은 너를 반가워하고 좋아하고 더 친해지고 싶어서 그런 거야."라고 이야기해주세요. 인사를 건네는 사람의 마음을 생각하게 되면 아이 자신도 진심 어린 인사를 할 수 있게 될 거예요.

그렇다면 우리 아이는 인사를 잘 하는 아이인가요? 책을 다 읽고 나서 평소에 아이가 인사를 잘 하고 있는지 자기 자신을 돌아볼 수 있는 시간을 주는 것이 좋습니다. 인사는 예의의 가장 기본이라고 할 수 있어요. 인사성이 밝을수록 긍정적인 인상을 주므로 많은 사람과 잘 어울릴 수 있게 된답니다.

한 아이의 예의범절은 가정교육이 좌우할 정도로 정말 중요합니다. 아이들은 부모가 하는 행동을 그대로 따라 배우기 쉽기 때문에 인사 예절을 가르치고 싶다면 부모가 인사하는 모습을 아이에게 자주 보여주는 것이 좋습니다. 인사하는 장면을 아이가 자꾸 보게 되면 자연스럽게 인사하는 것에 익숙해질 수 있어요. 마르틴과 노라가 사람들의 인사에 대꾸하지 않았을 때 부모님은 민망해하고 속이 매우 상했습니다. 하지만 인사를 어떻게 해야 하는지 구체적으로 알려주지는 않았습니다. 생활 속에서 인사하는 장면을 자주 보여줬다면 그다음에는 구체적으로 어떻게 인사를 하는 것이 좋은지 알려주세요.

아이와 소통하기

다양한 상황에서 어떻게 인사하면 좋을지 연습해보세요

길을 가다 아는 친구를 만난다면 우리 아이는 어떻게 하나요? 아마 달려가서 손을 흔들며 "안녕?" 하고 인사를 할 거예요. 그러면 인사를 받은 친구도 기분이 좋아지고, 웃으면서 인사를 받아줄 겁니다. 인사는 상대에 대한 반가움의 표시이고, 인사를 하면 할수록 더 친해질 수 있다는 것을 알게 되면 인사하라고 이야기하지 않아도 아이는 스스로 인사를 잘 하게 될 거예요. 인사를 했던 사람들이 마르틴과 노라에게 아무런 말도 듣지 못했을 때 어떤 마음이 들었을지 아이에게 물어보세요. 사람들은 '아, 저 아이는 나를 별로 반가워하지 않는구나.' 하는 마음에 속상한 기분이 들었을 거예요. 그다음부터는 마르틴과 노라를 봐도 인사하지 않고 말도 걸지 않을 거라고 이야기해주세요. 그래서 설령 기분이 안 좋은 일이 있거나 귀찮더라도 인사는 꼭 해야 하는 거라고 알려주세요.

그럼 인사를 할 때는 어떻게 해야 할까요? 먼저 아이가 인사를 할 때 '상대방은 어떤 기분이 들까?' 하고 생각해보는 것이 필요해요. 웃으면서 반갑게 손을 흔들거나 인사를 하는 사람에게 다가가는 것이 좋아요. 그리고 눈을 마주치고 상대방이 잘 알아들을 수 있도록 적당한 목소리로 또박또박 이야기해야 해요. 또 인사를 받는 대상에 따라 인사를 다르게 해야 해요. 어른들에게 "안녕?" 하고 반말을 할 수는 없다는 것도 알려줘야 해요. 공손하게 손을 모으고 "안녕하세요?" 하고 고개를 숙이며 인사를 해야 해요. 또 헤어질 때는 "안녕히 가세요." 하고 만났을 때와는 또 다른 인사말을 해야겠죠?

이렇게 상황과 대상에 따라 인사말이나 행동이 달라질 수 있다는 것을 알려주고 다양한 상황을 연습해보세요. 어떻게 인사해야 할지 잘 모르는 상황이 생기면 어른들께 어떻게 인사를 하는 것이 좋은지 꼭 물어보게 하는 것도 좋아요.

 아이와 활동하기

1. 투명 인간이 된 마르틴과 노라를 도와주세요. 어떻게 하면 투명 인간에서 벗어날 수 있을까요? 여러분의 상상을 그림으로 그려보고 이야기를 꾸며보세요.

> tip.그림책을 끝까지 읽지 않고 마르틴과 노라가 투명 인간이 된 장면에서 멈추고 활동하는 것이 좋습니다.

2. 인사를 하지 않는 마르틴과 노라의 속마음은 무엇일까요?

3. 마르틴과 노라가 인사하지 않았을 때 상대방의 마음을 표정으로 그려

보세요.

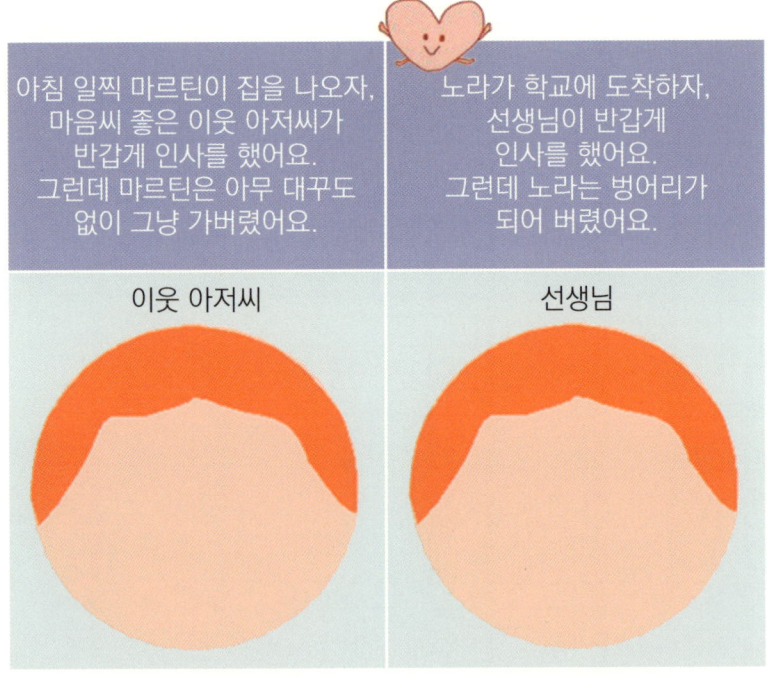

아침 일찍 마르틴이 집을 나오자, 마음씨 좋은 이웃 아저씨가 반갑게 인사를 했어요. 그런데 마르틴은 아무 대꾸도 없이 그냥 가버렸어요.	노라가 학교에 도착하자, 선생님이 반갑게 인사를 했어요. 그런데 노라는 벙어리가 되어 버렸어요.
이웃 아저씨	선생님

4. 책에서 인사가 필요한 다양한 상황을 찾아보세요. 각 상황에서 마르틴과 노라가 어떤 인사말과 행동을 하는 것이 좋을지 이야기해 보세요.

1. 마르틴과 노라가 집 앞에서 만났어요.	2.
3.	4.
5.	6.

또박또박 반갑게 인사해요

아기 로봇 '포포'가 처음으로 유치원에 가는 날, 인사말 기능이 잘못 입력되어 엉뚱한 인사를 할까 봐 걱정인 여우 박사님은 똑똑이 귀뚜라미 로봇 '키키'에게 도움을 요청해요. 포포가 엉뚱한 인사말을 할 때마다 키키가 재빨리 귓속말로 바른 인사말을 알려줘요. 1학년 국어 교과서에 실린 책으로, 시간과 장소에 맞는 인사법을 재미있게 배울 수 있어요.

안미연 글 ｜ **홍우정·홍효정** 그림 ｜ **상상스쿨**

마들린느의 예절 수업

활짝 웃으며 반갑게 손을 흔드는 마들린느를 따라가 보세요. 마들린느가 상황에 따라 어떻게 인사하는 것이 좋은지 알려 줍니다. 마들린느의 친절한 설명대로 따라 하다 보면 어떤 자세와 표정으로, 어떻게 인사해야 하는지 알게 된답니다. '안녕?', '고마워요.', '부탁해요.', '미안해요.', '잘 자요.'와 같은 인사말을 언제 어떻게 말하는 것이 좋은지 배울 수 있어요.

존 베멀먼즈 마르시아노 글·그림 ｜ **엄혜숙** 옮김 ｜ **한솔수북**

16

장소에 따라 지켜야 할 예절이 있어요.

어떻게 해야 할까요?

세실 조슬린 글
모리스 샌닥 그림
이상희 옮김
시공주니어

　　이 책은 재미있는 상상과 재치로 상황과 장소에 따른 예절을 배울 수 있어요. 늘 그렇듯이 우리는 책의 표지를 자세히 보게 됩니다. 제목과 그림을 보다가 저자가 누구인지도 살피지요. 놀랍게도 이 책은 세계적인 그림책 작가 모리스 샌닥이 그린 것이군요. 아이들은 이미 《괴물들이 사는 나라》, 《깊은 밤 부엌에서》에서 모리스 샌닥을 만났을 것입니다. 모리스 샌닥은 아이들만이 느낄 수 있는 엉뚱하고 기발한 상상을 잘 보여주는 그림을 그리기로 유명한데, 이번 책도 그럴까요? 제목과 그림으로 봐서는 분명히 신나는 모험 이야기가 펼쳐질 것 같습니다.

인디언 모자를 쓰고 걷고 있는 한 아이의 뒤에 보안관인지 도둑인지 헷갈리는 남자가 밧줄로 올가미를 만들어 모자를 낚아채려 하고 있습니다. 다음 이야기가 궁금해져서 책장을 넘기려는 순간 아주 작은 글씨가 보입니다. "기발하고 특이한 11가지 상황에 따른 행동 예절"이라고 말이지요. '설마 이 책이 예절에 관한 그림책?' 하며 믿을 수 없다는 표정으로 책장을 넘길 것입니다.

그리고 우리는 속표지에서 '어린 신사 숙녀들에게 상황에 알맞은 행동을 일러주는 유쾌한 예절 안내서'라는 안내문을 만나게 됩니다. 아직도 설마 하는 표정으로 책장을 넘기는데, 도서관에서 책을 읽고 있는 아이를 악당이 올가미 밧줄을 씌워 끌고 가려는 그림이 나옵니다. 역시 다음 이야기가 매우 궁금해집니다. '큰 소리로 살려달라고 했겠지.' '혹시 도서관에서 재미있는 이벤트 행사를 하는 중인가?' 하면서 책장을 넘기겠지요. 그런데 다음 페이지에서 우리는 깜짝 놀라게 됩니다. "살금살금 조용히 도서관을 나가요."라고 쓰여 있으니까요. 비로소 이 책이 예절을 말하고 있음을 실감하는 순간입니다. 이렇듯 이 책은 예절이 중요하다고 큰 소리로 잔소리하지 않습니다. 대신 재미있는 장면과 독자의 상상을 깨는 재치로 자연스럽게 예절의 중요성을 알려주는 책입니다.

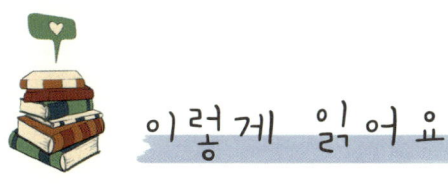

이렇게 읽어요

아이에게 예절에 관한 질문을 던지고, 생각할 기회를 주세요

 그림책을 재미있게 읽어주는 방법은 읽으면서 신나게 이야기를 나누는 것입니다. "이다음에 무슨 일이 벌어질 것 같아?" 하면 아이는 어서 다음 페이지로 넘기라고 조를 것입니다. 책을 읽는 도중에 아이가 다른 이야기를 꺼내도 막을 필요는 없습니다. 책을 끝까지 읽어야 한다는 법칙이 정해져 있는 것도 아니니까요. 중간에 떠오르는 게 있으면 그것에 대해 실컷 말하게 한 다음 "자, 다시 책을 볼까?" 하면서 계속 읽어도 좋습니다.

 책을 다 읽은 후에는 "어때? 다시 한번 읽을까?" 하고 물어봐도 되고, "어디가 가장 기억에 남았어?" 하고 물어도 좋습니다. 다시 책을 펼친 뒤 "너라면 이런 상황에서 어떻게 했을까?" 하고 물어봅니다. 어떤 아이는 "살금살금 조용히 도서관을 나가요." 대신 "큰 소리로 살려 달라고 말해야 해요."라고 주장할지도 모릅니다. 위험한 순간에는 무조건 소리쳐서 주변에 알려야 한다고 말이지요. 어차피 올가미에 감겨 끌려가는 모습을 보면 사람들이 악당을 붙잡을 거라고 말하는 아이도 있겠지요. 하지만 이 책이 도서관에서 지켜야 할 예절에 관한 것임을 눈치챈 아이라면 "살금살금 걸으면서 사서 선생님께 눈짓으로 위험을 알려요."라고 말할 것입니다.

이렇듯 이 책에는 예절이 필요한 상황이 등장하고 그 상황에 적절한 예절 바른 행동을 소개하고 있습니다. 아이와 함께 읽으면서 "너라면 그 상황에서 어떻게 했을까?" 또 "왜 그런 예절이 필요할까?"라고 말해 보게 하면 좋습니다. 엄마가 "살금살금 조용히 도서관을 나가요. 왜냐하면?"하고 물으면 아이가 "다른 사람들이 조용히 책을 읽고 있는데 방해가 되니까." 하고 대답할 수 있겠지요. 혹시 "다른 사람들이 화를 내니까요."라고 대답하는 아이도 있을지 모르겠습니다.

예의 없는 행동을 할 때 상대방의 기분은 어떨지 생각해 보세요

이번에는 예절을 지키지 않을 경우 상대방이 어떤 감정을 느낄지, 또 어떤 일이 벌어질지 이야기를 나눠 봅니다. 기침이 나려고 할 때 "손으로 입을 가리고 기침을 해요."라고 나와 있는데, "만약 그렇게 하지 않았을 때 그 옆에 있는 사람은 어떤 기분이 들까?" 하고 물어보세요. "입 속에 있는 침이 튀어서 얼굴에 묻을 수 있어서 기분이 안 좋아요." "혹시 나쁜 균이 옮겨올까 봐 불안해요."라고 대답할 수 있습니다.

한편, 책에 나오지는 않았지만, 예절이 필요한 상황을 떠올려 보고, 그런 상황에서는 어떻게 해야 할지 알아보는 것도 좋습니다. 예를 들어 "버스 안에서는 어떤 예절이 필요할까?" 하고 물어봅니다. "버스가 달리고 있을 때 움직이면 안 돼요. 왜냐하면, 다칠 수 있으니까요." "버스 안에서 시끄럽게 떠들어도 안 돼요. 왜냐하면, 다른 사람들을 짜증나게 할 수 있으니까요."라는 대답이 나오겠지요. 이렇게 학교에서 공부 시간에, 공원에서, 백화점에서, 병원에서 어떤 예절이 필요할지 떠올려 보세요.

많은 이야기를 나누지 않더라도 아이와 부모가 역할을 맡아서 소리 내어 읽어보는 것만으로도 즐거운 독서가 될 것입니다. 부모가 예절이 필요한 상황을 소리 내어 읽으면, 아이가 그 상황에 맞는 예절 행동을 큰 소리로 읽는 것입니다. 그림 그리기를 좋아하는 아이라면 "어떻게 해야 할까요?"라는 제목으로 자기만의 예절 책을 만들어 보면 어떨까요?

아이와 소통하기

가정에서 예의를 배우는 것은 중요해요

누구나 예절 바른 아이를 좋아합니다. 예절 바른 아이를 보면 어른들은 머리를 쓰다듬으며 칭찬합니다. 어른의 칭찬을 받은 아이는 자신이 훌륭한 사람이 된 듯 기분이 좋아지고 자존감이 높아집니다. 칭찬을 받아 기분이 좋아지면 계속하고 싶어지고 그러다 보면 예절이 몸에 배게 됩니다. 여러 연구에 따르면, 아이들이 학교에서 좋은 평판을 얻고 인정을 받으면 자존감이 높아지고 유능감을 느끼게 되고, 그로 인해 능력이 향상된다고 합니다. 자신이 괜찮은 사람이고 인정받고 있다는 생각이 진짜 능력 신장으로 이어진다는 것이지요. 그러므로 가정에서 예절을 배우는 것은 매우 중요한 일입니다.

어떻게 예절을 배우는 게 좋을까요? 흔히 부모들은 잔소리나 훈계로 예절 교육을 합니다. 잔소리나 훈계가 잘못된 것은 아니지만, 가장 중요한 것은 상황과 감정에 대한 세심한 배려입니다. 어떤 어른들은 아이가 공공장소에서 뛰어다니면 심하게 야단칩니다. 많은 사람이 다니는 쇼핑몰에서 아이를 심하게 다루는 부모도 있습니다. 하지만 아이의 버릇을 고치려는 열성이 지나치게 되면 모욕감과 반항심을 심어줄 수 있습니다.

대부분 아이는 그 장소가 얼마나 중요한지 잘 몰랐거나, 주의하지 않아서 예의 없이 행동했을 수 있습니다. 일부러 골탕을 먹이려고 버릇없이 구는 아이는 거의 없지요. 초등학교 2학년이라면 차분하게 상황을 인지시키고 다른 사람이 어떤 기분일지 알려준 다음, 어떻게 해야 하는지 가르쳐주면 됩니다. 많은 사람이 있는 곳에서 화를 잔뜩 내면서 심하게 야단치면 아이는 심한 수치심을 느낍니다. 정말 위험한 상황이었거나 나쁜 행동이었을 때는 수치심을 느끼게 하여 다시는 그런 행동을 해서는 안 되겠다는 생각을 하게 하는 것도 나쁘지는 않을 것입니다. 하지만 사실 그런 상황은 그리 많지 않습니다.

부모나 교사는 아이가 당연히 예절을 알 거라고 생각합니다. 하지만 초등학교 2학년 아이는 아직 왜 예절을 지켜야 하는지 어떻게 하는 것이 예절인지 잘 모릅니다. 발달심리 이론에 따르면, 초등 저학년 시기에는 아직 타인을 배려하고 집단의 규칙을 수용하기엔 이른 나이입니다. 물론 아이마다 약간씩 다를 것입니다. 이 시기엔 아직도 자기 맘대로 하고 싶고, 자기 관점에서 문제를 바라보기 때문에 예절의 중요함을 잘 모르고, 예절을 잊어버리기 쉽습니다. 그러므로 무조건 화를 낼 것이 아니라 차근차근 설명해 주어야 합니다. 예절을 지키지 않았다고 너무 나쁜 아이로 몰아서도 안 됩니다. "잘 모르거나 잊은 것 같구나. 이럴 땐 이렇게 해야 한다." 하고 설명해 주어야 합니다. 평소 이런 책을 읽으면서 대화를 나눴다면 문제 상황이 발생했을 때 책 내용을 떠올리며 상기시킬 수 있습니다. "책에서 본 거 생각나지? 이럴 때 어떻게 해야 할까?" 하고 묻고 생각해 보게 하는 것이지요.

이 책을 그린 '모리스 샌닥'은 평소 아이들만의 자유로운 상상의 세계를 그린 작가로 널리 알려져 있습니다. 그래서인지 아이들에게 무겁지 않게, 엄하지 않게 예절을 가르치려고 애쓰는 모습을 발견할 수 있습니다. 예절의 가치도 모르고 자기감정을 공감받지 못한 채 무조건 어른의 강요에 의해 야단을 맞아가며 예절을 배운 아이는 반항심을 가질 수 있습니다. 그리하여 동생이나 다른 아이가 예절이 없는 행동을 할 때 심하게 비난하고 심지어 욕까지 하게 됩니다. 이러면 예절 바른 아이는 되겠지만, 친구를 잘 사귀는 아이로 성장하기는 어렵습니다.

예절은 형식이 아닙니다. 마음에서 우러나와야 진정한 예절일 것입니다. 아이가 진심으로 예절을 표하도록 하려면 먼저 상대방의 감정을 이해하고 공감하도록 도와주어야 합니다. 그래야 마음에서 진심이 우러나와 예절 바른 행동을 할 것입니다. 무엇보다 예절 바른 아이가 되게 하려면 예절을 행하는 것이 아주 좋은 일이며, 다른 사람과 잘 지낼 수 있는 유익한 일임을 느끼도록 돕는 것입니다. 즉, 예절 바른 행동을 했을 때 칭찬해주고 그런 행동으로 다른 사람들이 행복해한다는 것을 알려주는 것입니다. 뇌에서 즐거워야 익숙하고 습관이 됩니다.

아이와 활동하기

1. 이야기 중에서 가장 재미있었던 장면을 선택해보세요. 그 상황에서 만약 나라면 어떻게 행동했을지 그림으로 그린 후, 글로 적어보세요

2. 주인공은 왜 그렇게 행동해야 한다고 생각했을까요? 상황마다 "왜냐하면"을 붙여서 뒤 내용을 완성해보세요.

* 밥 먹기 전에 손을 깨끗이 씻어요.

왜냐하면, _____

* 밖에 나가기 전에 비 올 때 신는 고무 신발을 신어요.

왜냐하면, _____

3. 만약에 그렇게 행동하지 않았더라면 상대방의 기분은 어땠을까요? 속
마음을 말풍선에 채워보세요.

· 살금살금 조용히 도서관을 지나가지 않았더라면?

· 순서를 지키지 않고 새치기를 했다면?

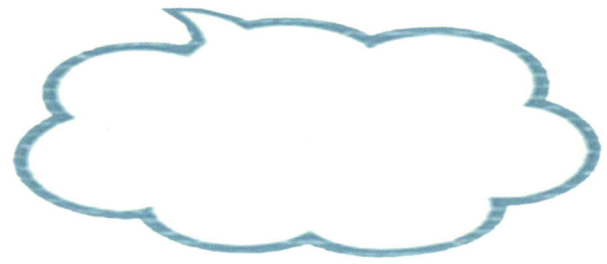

4. 장소가 적힌 카드가 들어 있는 바구니에서 하나를 뽑습니다. 그리고 그
장소에서 지켜야 할 예절을 적어보세요.

함께 읽으면 좋은 책

왜 고맙다고 말해야 해요?

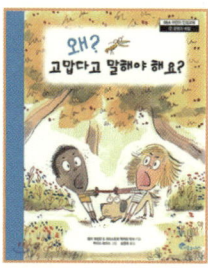

"예의 바른 행동과 배려하는 마음을 가진 의젓한 어린이를 위한 책"이라는 부제가 붙은 책입니다. 아이들에게 "왜 나눠야 해요?" "왜 내 차례를 기다려야 해요?" "왜 미안하지 않은데 미안하다고 말해야 해요?" "왜 부탁하는 말을 써야 해요?" "왜 엄마가 이야기할 때 엄마를 봐야 해요?" 등 차례에 나온 질문만 보아도 이 책이 어린이들에게 필요한 예절을 알려주는 책임을 알 수 있습니다. 이 책은 특징은 두 명의 아동심리학자가 아이들이 주로 하는 질문에 대해 어떻게 대답해야 하는지 조언해 주고 있습니다. 아이와 부모가 함께 볼 수 있도록 구성된 점도 인상적입니다.

크리스토퍼 맥커리·엠마 워딩턴 글 | **루이스 토마스** 그림 | **김영옥** 옮김 | **이종주니어**

레옹과 예절 이야기

예의 바른 행동은 어떤 행동일까요? 다양한 상황에서 예의 바르게 행동하는 방법을 소개하고 있습니다. 생활 속에서의 예절을 배우고, 이것을 함께 실천하는 습관을 길러봅시다.

아니 그루비 글·그림 | **김성희** 옮김 | **진선아이**

17

마음을 표현하면
더 행복해요

고맙습니다

박정선 글
백보현 그림
한울림어린이

이 책은 "고맙습니다."라는 말을 통해 농부의 손에서 길러진 사과가 우리 가정에 오기까지 숨어 있는 사람들의 노력과 자연의 고마움을 알려주는 이야기입니다. 아이는 맛있는 사과를 먹으며 불현듯 엄마한테 고마운 마음이 들었나 봅니다. 숨김없이 그 마음을 '고맙습니다'는 말에 전하는 아이를 보며 예쁘게만 느껴지네요. 너무 익숙해져 잊어버린 주변 사람들에 대한 감사하는 마음과 그들의 사랑을 떠올리게 합니다. 맛있게 사과를 먹는 아이의 뒤를 쫓아가다 보면 자연스럽게 땀의 소중함과 자연의 고마움을 깨닫게 된답니다.

아이와 함께 그림책 한 장 한 장을 넘기며 사과를 먹을 수 있게 해준 이웃들과 자연에게 '고맙습니다'라고 말한 것뿐인데 왜 마음이 행복할까요? 따뜻한 마음이 담긴 말 한마디에 어느새 마음이 훈훈해집니다. 자녀와 함께 책을 읽으면서 감사함을 마음껏 표현하는 행복한 시간을 만들어 보세요

이렇게 읽어요

'고맙습니다.'라고 말하면 고마움을 깨닫게 됩니다

눈에 보이지도 만져지지도 않는 말에도 힘이 있습니다. 이를 증명하기 위한 실험이 있었습니다. 실험 대상으로 성인 한 팀에게는 '젊음'을 연상시키는 단어를 여러 장 보여주고 각자 집으로 돌아가게 하고, 또 다른 팀은 '노인'을 연상시키는 단어를 여러 장 보여주고 돌려보냈습니다. 그 결과 '노인'을 연상시키는 단어를 본 팀의 사람들은 평소 걸음걸이보다 2초가 늦어지고, '젊음'을 연상시키는 단어를 본 사람들은 평소 걸음걸이보다 2초 빠르고, 힘 있게 걸었다고 합니다. 더 놀라운 것은 참가자 전원이 아무도 그 변화를 눈치채지 못했다는 것입니다. 이처럼 보이지 않는 언어의 힘은 뇌의 특정 부분을 자극해 자신도 모르게 행동하게끔 하고 알게 모르게 우리의 행동을 지배한다는 것을 알 수 있습니다.

주위에 작은 일에도 '고맙습니다.'라고 자주 말하면 어떤 변화가 생길까요? 주변 사람들에 대한 사랑과 고마움을 더 깨닫게 되고, '감사할 일이 더 많이 생긴다'고 느끼게 됩니다. 이는 평소 깨닫지 못했던 소중함과 고마운 마음을 깨닫게 되기 때문이지요. 이처럼 누군가에게 고마운 마음을 주기도 하고 받기도 할 때 세상을 살아갈 든든한 힘을 얻게 되는 것입니다.

'고맙습니다.'라고 말하면 긍정의 힘이 생깁니다

흔히 사람들은 좋은 일이 있어야 감사하다고 생각합니다. 하지만 좋은 상황만 기대하면 행복해 질 수 없어요. 오히려 역경을 이겨내고 행복하게 사는 사람은 감사한 마음을 늘 지니고 있습니다. 관심을 긍정적인 면에 기울이면 더 많이 감사할 수 있다는 것이지요.

도대체 무엇을 감사해야 하지? 감사할 것을 찾는 것 자체가 힘들 수 있습니다. 감사하는 마음은 감성 훈련을 통해서 키울 수 있다고 합니다. 청년 400명을 대상으로 '하루에 세 가지 감사한 일 쓰기'를 과제로 내주었습니다. 그런데 이 훈련에 참여한 사람들의 행복감이 증가된 것을 알 수 있었습니다. 그리고 이것은 6개월간 지속되었다고 합니다. 감사했던 마음을 글로 작성하면서 '감사한 삶'을 스스로 경험한 것입니다. 이처럼 생활 속에서 감사하는 습관은 우리의 삶을 긍정적으로 변화시킵니다. 주위의 이웃과 자연에 항상 감사하는 마음을 갖고 이를 표현하며 생활하는 것이 아름다운 것입니다.

아이와 소통하기

만나면 먼저 인사해 보세요

감사하는 생활이란 자신에게 주어지는 관심과 기회 그리고 여러 가지 상황에서 고마운 마음을 표현하는 것입니다. 표현할 때는 몸짓이나 말로 나타낼 수 있어요. 예를 들어 학교에서 선생님과 친구들을 만나면 반갑게 인사를 나눈다거나 아파트 경비 아저씨께 큰 소리로 인사를 하는 것입니다. 마을 주변 마트에 가서도 먼저 인사하면서 감사한 마음을 표현할 수 있습니다.

하루를 바쁘게 생활하는 중에도 잠깐 잠깐 시간을 내어 주변에서 어떤 일이 일어나고 있는지, 주위에 어떤 분들이 무슨 일을 하고 있는지 주의 깊게 살펴보는 것이 필요합니다. 잠깐이지만 웃으며 인사할 때 감사하는 마음을 가질 수 있고 다른 사람과 좋은 관계를 맺을 수 있습니다

보물찾기 하듯 '감사한 일'을 찾아 보세요

늘 풍성해서 부족함이 없는 아이들은 고마운 것이 무엇인지 알지 못합니다. 주변의 모든 일이 자신을 위해 준비되어 있다고 믿는다고 해도 과언이 아닙니다. 이런 상황에서 부모의 역할은 무엇일까요? 대부분의 부모는 자녀들이 다른 친구들과 잘 어울리고 협동하며 마음을 나누는 아이들로 자라주길 바랍니다. 하지만 현실은 그렇지 못해 안타깝기만 합니다. 이럴 때 부모부터 생활 속에서 작은 것이라도 찾아서 '감사하다'고 먼저 말해 보세요. 예를 들어 식사할 때는,

"00가 밥을 맛있게 먹어서 감사해요~",

"쌀을 만들어 주신 농부 아저씨, 감사합니다"

"무거운 쌀을 배달해 주신 아저씨, 감사합니다."

이와 같은 말을 할 수 있겠죠. 부모들은 물건의 유통 과정을 알기 때문에 구체적으로 감사한 내용을 말할 수 있지만 아이들은 잘 알지 못해 표현하지 못할 수 있습니다. 자연스럽게 감사한 것을 찾아 말하다 보면 주위에 고마운 분들이 많다는 것도 알게 되고 진심으로 고마운 마음을 갖게 됩니다.

아이와 활동하기

1. 가족이나 친구에게 고마운 마음을 말로 표현해 보세요.

　▷ 아빠

　▷ 엄마

　▷ 형/ 누나

　▷ 동생

　▷ 친구

2. 하루 동안 내가 먼저 인사했던 사람을 떠올려 봅시다.

　▷ 아침에 일어나서 :

　▷ 학교 갈 때:

　▷ 학교 가는 길에 :

　▷ 학교에서:

　▷ 집에 오는 길에 :

　▷ 학원에서 :

　▷ 저녁에 자기 전에 :

3. 하루를 보내면서 감사했던 일을 두 가지씩 적어보세요.

일자	감사했던 일
월 일	1. 2.
월 일	1. 2.
월 일	1. 2.

엄마를 위한 하루

친구처럼 배려하고 이해하는 엄마와 아들의 이야기로 읽으면 흐뭇해지는 그림 동화입니다. 엄마가 아픈 날 지미는 하루 동안 엄마를 위해 아침을 차리고, 설거지를 하고, 세탁기에 옷을 넣어 빨래도 합니다. 그리고 쓰레기도 버리고, 청소기도 돌리고, 엄마를 위해 요리도 합니다.

하지만 집안일에 익숙하지 않은 지미는 오히려 집을 어지르고 집을 엉망으로 만들어 놓지요. 지미가 한 일 때문에 엄마는 오히려 힘들었을 텐데 지미에게 화를 내지 않습니다. 왜냐하면 지미가 왜 그랬는지 알고 있기 때문이지요. 지미가 엄마를 생각하는 마음과 엄마가 지미에게 고마워하는 마음이 느껴져 마음을 더욱 따뜻하게 해 주는 이야기입니다.

마리케 블랑케르트 글·그림 | **이승숙** 옮김 | **담푸스**

내가 먼저 행동하는 고운 마음 Kind

이 책은 우리가 꼭 지켜야 하는 일들을 지식으로만 알고 마는 것이 아니라 실천할 수 있는 방법들을 알려 줍니다. 우리가 이미 알고 있는 사실들이지만, 실제로는 선뜻 행동하기 어려웠던 일들의 중요함을 다시 한 번 깨닫고 바로 행동으로 옮길 수 있는 방법들을 말해 주고 있습니다. 함께 살아가는 세상에서 필요한 마음가짐에 대해 말하

며 타인을 위해 시작한 작은 친절이 결국에는 내 마음을 따뜻하게 하고, 세상을 아름답게 바꿀 수 있다는 것을 보여줍니다. 나의 작은 행동이 세상을 아름답게 만들 수 있다는 것을 깨닫게 해 줍니다.

레나 디오리오 글 | **스테판 조리슈** 그림 | **박선주** 옮김 | **푸른날개**

18

가장 좋은 선물은
감사랍니다

벤자민의 생일은 365일

쥬디 바레트 글
론 바레트 그림
정혜원 옮김
미래아이

표지 속 주인공 벤자민은 무척이나 만족한 표정을 짓고 있어요. 생일이 365일이 되기 때문이죠. 아이들은 생일을 갖고 싶던 것을 당당하게 요구할 수 있는 '선물' 받는 기쁜 날로 여겨요. 그래서인지 아이들은 책 제목을 보며 벤자민을 부러워합니다. 속으로는 벤자민은 생일이 어떻게 365일인지 몹시 궁금해하겠죠?

벤자민도 다른 아이들과 마찬가지로 생일은 일 년에 딱 한번이었어요. 9살 생일까지는 말이에요. 도대체 9살 생일에 무슨 일이 있었던 걸까요?

9살 생일에 친구들을 초대해 즐거운 시간을 보냈어요. 친구들이 돌아간 뒤에도 선물을 한참 동안 바라보며 선물을 풀 때의 기분을 즐겼죠. 하지만 행복한 기분은 잠시. 다음 생일까지 365일을 기다려야 하는 것이 슬펐어요.

'선물을 풀어보며 설레던 마음을 또 느끼고 싶던 벤자민은 기발한 생각을 해내요. 받았던 선물을 다시 포장하여 자신에게 다시 선물 하는 거예요. 다음 날 아침에 일어나 마치 받은 적이 없는 척, 선물이 무엇인지 모르는 척, 자기 암시를 걸며 새로운 선물을 받은 것처럼 선물 포장지를 뜯는 거예요. 그러면 진짜 신기하게도 벤자민은 새로운 생일 선물을 받는 것 같았어요.

친구들이 준 선물이 다 떨어지자 벤자민은 이번에도 좋은 생각을 해냈어요. 이번에 주변에 있는 물건을 하루에 한 가지씩 포장해서 자신에게 선물을 주는 거예요. 이렇게 해서 선물 받는 생일이 365일이 되었지요. 그러면서 벤자민이 자신에게 선물 주기를 통해 주변의 사물들에 대한 감사함의 의미를 깨닫게 되는 그림 동화책입니다.

이렇게 읽어요

'벤자민의 생일은 어떻게 365일이 되었을까' 상상해 보세요

아이들은 일단 자신의 생일이 되면 그 날만은 마음대로 할 수 있다는 생각에, 그리고 어른들과 친구들이 주는 선물을 받는다는 마음에 생일을 무척 기다립니다. 그런 점에서 '벤자민의 생일은 365일'이라는 제목의 이 책은 아이들의 호기심을 자극하기에 충분합니다.

책을 읽기 전에 표지를 보며, "그런데 벤자민의 생일은 어떻게 365일이 되었을까?" 아이에게 물어보세요. "너라면 어떻게 365일을 생일로 만들고 싶니?" 하고 말이죠. 어떤 아이는 "어떻게 생일을 매일매일 보내요? 엄마 뱃속에서 365번 나와야 하는데!" 하기도 하고, "마법사가 있다면 마법사에게 부탁해서 매일 생일이라 말하고 생일선물 달라고 해요." 하기도 합니다. 우리 아이는 어떤 말을 할까요?

엄마랑 아이랑 책 읽기 전에, 함께 앉아서 종이 한 장을 펼쳐놓고 365일 동안 받고 싶은 선물 리스트를 이런저런 이야기를 나누며 작성해 보세요. 아마 365개를 채우는 것이 쉽지 않을걸요? 리스트 작성이 멈춰질 때쯤, "벤자민은 어떻게 365일 매일 다른 선물을 받았을까?" 이야기를 꺼내며 책을 펼쳐보세요. 아이들이 벤자민의 이야기에 집중하게 될 거예요. 그리고 벤자민이 우리에게 하고 싶은 말의 의미를 자연스럽게 깨닫게 될 것입니다.

벤자민이 자신에게 받은 최고의 선물은 무엇일까요?

어떤 일에 자신의 열정적인 에너지를 쏟고 난 후 끝이 났을 때, 무언가 아쉽고, 텅 비어버린 것 같은 마음을 느껴보신 적 있으신가요? 벤자민이 그랬어요. 다시 생일이 되려면 365일을 기다려야 한다는 것이 슬퍼졌어요. 하지만 기쁨을 찾으려는 노력 때문일까요? 벤자민은 자기에게 알맞은 방법을 찾아냈어요. 어떤 방법이냐고요? 바로 스스로에게 선물 주기랍니다. 친구들이 준 선물에서부터 자신의 주변에 늘 있던 싱크대, 커튼, 전등, 의자, TV, 식탁, 냉장고⋯ 집 안에 있는 모든 물건을 매일 밤 자신에게 선물로 주었어요. 그러자 새로울 것 없던 생활이 매일매일 즐거운 날로 변했어요. 벤자민은 그렇게 매일을 기뻐하며 일상에 감동하는 생활을 하였답니다.

벤자민의 10살 생일에 초대된 친구들은 지붕 위로 올라가서 깜짝 놀랐어요. 벤자민이 자기 집을 포장지로 쌌거든요. 벤자민은 세상에서 가장 크고 멋진 생일 선물을 받았어요. 무엇인지 말 안 해도 아시죠? 그리고 또 하나 받은 것이 있어요. '감사'하는 마음이요. 벤자민은 더 이상 새로운 생일 선물을 바라지 않게 되었어요. 주변에 있는 것 하나하나가 감사의 눈으로 보면 모두 새로운 선물이니까요.

누군가에게 고마움을 느끼고 그 마음을 표현하는 것이 '감사'이지만, 자신이 가진 것을 소중하고 중요하게 생각하는 마음도 '감사'라고 합니다. 그렇다면 10살 벤자민 생일에 받은 가장 소중한 선물은 자신에게 준 '감사'를 깨달은 것이 아닐까요?

아이와 소통하기

선물의 의미를 아이와 함께 되새겨 보세요

명상을 하는 사람들 사이에서는 '마음 챙기기 명상'이 있다고 합니다. 어떤 심리학자는 그것을 "내가 나에게 선물하는 셀프 심리치료"라고 이야기하더군요. 그것은 자신의 마음을 있는 그대로 바라보고, 지금 자신이 어떤 것을 원하는지, 어떤 생각을 하고, 어떤 정서를 느끼고 있는지를 객관적으로 바라보는 것이라고 합니다. 반복적으로 하다 보면 그것을 통해 자신을 통찰할 수 있다고 합니다. 생각해보면 벤자민도 매일 자신에게 선물 주기를 통해서 자신의 마음을 돌아보며 자신에 대해 통찰하게 된 건 아닐까요? 벤자민은 스스로 선물의 의미를 되새겼지만, 우리 아이들은 어머님의 도움으로 시작하면 좋을 것 같아요. 아이가 가지고 있는 아이의 물건을 하나씩 꺼내어 선물을 누구에게 받았는지, 그때의 마음은 어땠는지, 그리고 지금의 마음은 어떤지 이야기 나누는 것이죠. 이야기를 나누다 보면 선물을 준 사람의 마음을 다시 느낄 수 있을 것입니다. 소중함과 감동이 사라져 가는 요즘, 아이와 함께 선물의 의미를 되새기며 아이에게 감동의 시간을 선물해 주셔요.

다른 사람에게 최고로 줄 수 있는 선물은 '감사 표현'이에요.

로버트 비스워스 디너의 《긍정심리학》에는 저자가 경험한 내용이 소개되어 있습니다. 저자는 연구를 위해 콜카타 지역에 갈 때 아비루파라고 하는 실력 있는 통역사를 고용했습니다. 때로는 콜카타 사람들과 함께 일하면서 여러 가지 문제가 생기기도 했는데, 아비루파는 그때마다 문제를 해결하고 필요한 연락을 취하는 데 있어서 탁월한 능력을 발휘했습니다. 그래서 "아비루파! 일을 잘해줘서 정말 고마워요."라고 말했더니, 아비루파가 "선생님! 저는 제가 한 일에 대해 보수를 받고 있는데 왜 고맙다고 하시는 거죠?"라고 물었어요. 그래서 "왜냐하면 일을 너무 잘 해줘서 정말 고마웠거든요. 그리고 제가 당신에게 보수를 주는 것만으로는 당신에게 느낀 고마운 마음을 모두 표현하기엔 부족하다고 생각했어요. 아비루파 씨는 돈만 받는다고 일하는 분은 아닌 것 같다고 느꼈어요."라고 답했습니다. 이 말을 듣고 아비루파는 이렇게 말했습니다. "저에게 큰 동기 부여가 되었고 저 자신이 매우 괜찮은 사람으로 느껴져요."

작은 감사의 표현 한 마디가 아비루파 씨에게 자신을 괜찮은 사람으로 느껴지게 했고 그의 자존감을 높여주었습니다. 벤자민도 매일 자신의 주변에 있는 물건을 자신에게 선물로 주면서 감사의 의미를 깨닫고 자신을 행복한 사람으로 만들었어요. 벤자민의 자존감도 높아졌지요.

주변에 있는 사람들로부터 "고마워. 너로 인해 일이 잘 되었어." " 네가 도와줘서 일이 빨리 끝났어." 등 인정과 감사의 말을 듣고 자란 우리 아이는 분명히 행복한 아이로 자랄 거예요. 지금 옆에 있는 자녀와 '감사'의 말을 주고받는 시간을 가져보세요.

감사 표현을 잘하면 대인관계가 좋아져요

문제 하나 낼게요. 일상에 있는 것에 고마움을 알고 감사할 줄 아는 벤자민은 다른 친구들과 잘 어울리는 아이일까요? 아니면 못 어울리는 아이일까요?

또래 아이끼리 놀 때 인기 있는 아이들을 살펴보면 공통점이 있어요. 다른 사람을 잘 배려하고, '고마워~' 하고 감사함을 표현하는 아이예요. 인간관계는 때로는 단순해서 나의 수고를 알아주고, 나에게 감사함을 표현하는 사람은 좋게 생각하고, 감사한 줄 모르는 사람은 괘씸하게 생각됩니다. 그래서인지 별것 아니라고 생각한 작은 것에 진심 어린 감사의 표현을 해오면 그 사람에 대한 친밀감이 높아져요.

'감사'의 효과를 경험할 수 있도록 아이에게 실험하나 제안해 보셔요. 먼저 "엄마와 중요한 실험을 하나 할 건데, 네 도움이 꼭 필요해." 하고 운을 떼는 거예요. 실험 제목은 〈친구에게 '고마워.'라고 말하기〉인데, 하는 방법은 짝꿍에게 지우개 등 작은 것 하나라도 빌려 쓰고 나면 반드시 "고마워."라고 말하는 거야."라고 하는 거예요. 물론 "당연히 안 싸우지."라고 말하는 아이도 있을 거예요. 자녀가 이렇게 말한다면, 왜 그런지 까닭을 물어서 들어보세요. 만약 "알았어. 실험해볼게." 하는 아이가 있다면 용기를 북돋아 주세요. 그리고 감사의 효과를 함께 이야기해 주세요.

아이와 활동하기

1. 작년 생일에 받았던 선물에는 어떤 것이 있나요? 그 선물을 받았을 때의 마음은 어땠나요? 그 선물에 대한 지금의 마음은 어떤가요?

- 기억에 남는 선물:

- 받았을 때의 마음 :

- 선물에 대한 지금의 마음:

2. 최고의 감사 표현을 적어보세요.

내가 다른 사람에게 해준 감사의 말:

다른 사람이 나에게 해준 감사의 말:

3. 오프라 윈프리처럼 오늘의 짧은 감사 일기를 써 보세요.

[오프라 윈프리의 감사 일기]
1. 오늘도 잠자리에서 거뜬하게 일어날 수 있어서 감사
2. 유난히 눈부시고 파란 하늘을 보게 해주셔서 감사
3. 점심때 맛있는 스파게티를 먹게 해 주셔서 감사
4. 얄미운 짓을 하는 동료에게 화내지 않았던 나의 참을성에 감사
5. 좋은 책을 읽었는데, ㄱ 책을 써준 작가에게 감사
   (출판사와 서점 주인에게도 감사)

행복 요정의 특별한 수업

《행복 요정의 특별한 수업》은 뭐가 못마땅한지 늘 부루퉁한 얼굴을 하고 있는 아이 루카스에게 행복 요정 피스타치아가 특별한 수업을 통해 행복의 진정한 의미를 일깨워 준다는 이야기입니다. 행복 요정은 루카스가 이미 가진 것들의 소중함을 느낄 수 있도록 그것들을 잠시 없앱니다. 행복할 이유가 하나도 없던 루카스는 행복 요정이 물건들을 잠시 없앤 후에야 감사할 것이 얼마나 많은지 깨닫게 됩니다.

코넬리아 풍케 글 | **지빌레 하인** 그림 | **한미희** 옮김 | **비룡소**

나도 고마워!

길을 가던 꼬마 돼지가 공을 주워 주인인 여우에게 돌려줍니다. 여우가 자신에게 말해준 '고마워'가 꼬마 돼지에게는 너무나 멋지게 들렸습니다. 그렇게 말하는 여우가 멋있었거든요. 누군가에게 멋지게 보이고 싶어 '고마워'라고 말하고 싶은 꼬마 돼지! '고마워'라는 말할 기회를 얻지 못해 꼬마 돼지는 속상했습니다. 드디어 '고마워'라고 여러 친구에게 말한 꼬마 돼지! 그날 잠자리에 들면서 꼬마 돼지는 '고마워'라는 말은 내가 말하는 것도 멋지고, 누군가 나한테 말해주는 것도 멋지다고 느꼈습니다.

모리야마 미야코 글 | **사사메야 유키** 그림 | **김숙** 옮김 | **주니어김영사**

서로 통하고 있다. 마음을 알아준다는 느낌은 우리를 외롭지 않게 합니다. 부모님이 내 마음을 알아주고 있다고 느끼면 그 누가 뭐라 해도, 조금 어려운 일을 당해도 견뎌내는 힘이 생깁니다. 나를 알아주는 부모가 뒤에 든든하게 버티고 있으니까요. 아이에게 책을 읽어주는 것은 위에서 말한 것들을 모두 충족시킬 수 있는 방법입니다. 책을 매개로 하여 아이는 부모와 소통하는 즐거움을 느끼고 인간과 세상을 이해하는 능력을 키워갑니다.

임성미 《초등 인문독서의 기적》 중에서

약속을 지키면 모두가 기뻐해요
유진 자이언, 《화분을 키워주세요》

아빠가 딸에게 해주고 싶은 말
소마 고헤이, 《아빠의 브이 사인》

친구와 친하게 지내고 싶다면 이렇게 해보세요!
레아 골드버그, 《새 친구가 이사 왔어요》

왜 다른 사람에게 관심을 가져야 할까요?
엘리자베트 슈티메르트, 《우당탕 할머니 귀가 커졌어요》

나와 달라도 친구가 될 수 있을까요?
허은미, 《달라도 친구》

모두가 잘하는 것이 달라요
이영경, 《아씨방 일곱 동무》

CHAPTER 4

책으로
인성
키우기

공동체

함께 행복한 세상을 만들어가요

19

약속은 스스로
지키려는
마음이에요

화분을 키워 주세요

진 자이언 글
공경희 옮김
웅진주니어

남들은 다 놀러 가는 여름방학! 토미는 아빠가 바쁘셔서 놀러 가지 못했어요. 대신 평소에 좋아하던 화초를 돌보는 것으로 방학을 즐겁게 보냅니다. 이웃들의 화분을 잘 돌보아주면서 2센트씩 받기로 했거든요. 하지만 이웃들이 두고 간 많은 화분으로 아빠 엄마는 불편했어요. 아빠는 짜증도 내셨죠. 토미는 이웃들의 화분을 끝까지 잘 돌보면서 방학을 즐겁게 보낼 수 있을까요?

토미는 이웃들이 맡긴 화분을 잘 돌보기 위해서 정성을 많이 들였어요. 그늘에서 자라는 것과 햇빛을 보아야 하는 것은 따로 두었고, 물을 많이 주어야 하는 것과 적게 주어야 하는 것도 구분해서 두었습니다. 토미의 노력 덕분에 화초가 무럭무럭 잘 자라서 집 안이 마치 정글처럼 되었어요. 정글이 된 집 안을 보면서 토미는 기분이 좋았지만, 아빠는 여기저기 거치적거리는 화분들로 밥을 먹을 때나 TV를 볼 때도 불편했습니다. 아빠가 화를 내고 싶은데, 참은 것은 토미와의 약속 때문이었어요. 아빠가 이번 여름방학에는 바빠서 여행을 가지 못하는 대신 토미가 좋아하는 것을 한 가지 해도 된다고 허락하셨거든요.

어느 날, 꿈을 꾼 토미는 잠에서 깬 후 부리나케 도서관으로 달려갔습니다. 그리고 화초를 잘 가꾸는 법에 대한 책을 찾아 읽었습니다. 화초가 크게만 자란다고 좋은 것이 아니란 것을 깨달은 토미는 상점을 들러 화초 가꾸는 데 필요한 도구들을 샀어요. 책에서 본 대로 화초를 자르고 다듬었습니다. 잘라낸 작은 가지는 작은 화분에 심었지요.

휴가에서 돌아온 이웃들은 화분이 예쁘게 잘 자랐다며 칭찬했어요. 그리고 약속대로 고맙다며 2센트씩 주었습니다. 작은 화분에 옮겨 심은 화초들은 꼬마 아이들에게 선물로도 주었답니다. 토미는 그 모습을 보고 마음이 뿌듯해지면서 보람과 기쁨을 느꼈답니다.
게다가 토미의 아빠도 이제는 토미가 잘 가꾼 화분들이 없으니 허전하게 여길 정도였답니다.

이렇게 읽어요

나와의 약속을 먼저 지켜보세요

토미는 이웃들과 약속한 화초 돌보기가 좋았어요. 화초들은 들여다보아도 싫증나지 않았지요. 스스로 하고 싶은 것을 약속으로 정했기 때문에 약속을 지키는 것이 하나도 힘들지 않았어요. 화초들이 잘 자라도록 알맞은 장소에 화분들을 옮기는 것이나 화초에 따라 적절하게 구분해서 물을 주는 것은 재미있는 놀이였어요. 토미의 엄마 아빠는 토미가 기르는 화분 때문에 불편함이 이만저만 아니었지만 아이가 스스로 정한 약속을 지킬 수 있도록 해주셨어요. 토미가 화분 가꾸기를 할 때 지켜보기만 하셨죠.

아이가 스스로 정한 약속을 잘 지키는 편인가요? 아니면 옆에서 계속 상기시켜 주어야 약속을 지키나요? 아이가 무엇이든 자발적으로 하기 바라시죠? 그러려면 처음부터 책임이 막중 하거나 복잡한 약속은 아이에게 약속을 지키기 싫게 만들어요. 또 지키다가 중간에 포기하면 좌절감을 안겨줄 수 있어요. 약속은 아이가 지킬 수 있는 수준에서, 책임감이 적은 것에서부터 출발하는 것이 중요하답니다. 왜냐하면 약속을 지키며 노력하는 과정에서 책임감을 조금씩 배워가고 성취감도 얻기 때문이죠. 성취감은 '나는 약속을 잘 지키는 사람'이라는 긍정적인 생각을 심어줍니다. 자기와의 약속을 잘 지키는 아이는 타인과의 약속도 소홀이 여기지 않아요.. 약속이 크건 작건 말이죠. 작은 약속도 성실하게 지키는 사람은 '믿을 만한 사람'이라는 인식을 줘요. 그런 아이는 당연히 공동체에서도 저절로 신뢰할 만한 사람이 된답니다.

약속을 상황에 따라 바꾸지 않아요

아이와 한 약속 중에, 나중에 보니 너무 터무니없거나 별로 부모님 마음에 내키지 않는 약속들이 있어요. 그럴 때는 어떻게 하세요?

토미의 부모님이 딱 그런 상황이었어요. 토미에게 하고 싶은 것 한 가지를 해도 좋다고 말을 하긴 했는데, 집 안을 걷기도 힘들 정도로 온통 화분을 가져다 놓을 줄은 생각도 하지 못했습니다. 아빠는 "이게 다 뭐야!"라고 화를 내기는 했지만, "이번 여름방학에는 바빠서 여행을 가지 못하는 대신 좋아하는 일을 한 가지 해도 된다"는 약속을 토미가 상기시켜주자 화분 키우는 것에 대해 아무 말씀도 하지 않으셨어요. 만약 아빠가 약속을 변경하려 하거나 뒤엎었으면 토미는 약속에 대해 '약속은 상황에 따라 바꿔도 되는구나!'라는 생각을 마음속으로 했을 거예요.

약속을 지키는 아빠의 모습을 보았기 때문일까요? 토미도 이웃들과의 약속을 성실하게 지켰어요. 자신이 키운 화초를 가져가며 좋아하는 이웃을 보는 것은 토미를 굉장히 기분 좋게 했답니다.

아이와 소통하기

약속을 지키려는 노력에 대해 구체적으로 칭찬해 주세요

토미에게 맡겨 놓은 화분을 찾아가며 이웃들은 다들 입을 모아 토미를 칭찬했어요. "정말 잘 키웠구나!", "예쁘게 자랐네!" 칭찬해 주었어요. 칭찬받은 토미는 굉장히 기분 좋았습니다.

토미처럼 꾸준하게 자신이 해야 할 일을 하면서 약속을 지키기란 쉽지 않아요. 게다가 지루해지기 쉬운 반복적인 일에 어떻게 하면 약속을 지키면서 기쁨을 느낄 수 있을까요?

아이와 약속 달력 만들기를 추천해 드려요. 첫 번째로 할 일은 아이가 스스로 할 수 있는 것이지만 잘 지켜지지 않는 것을 아이와 함께 찾는 거예요. 부모님이 일방적으로 정해주는 약속은 아이의 자발성을 유도할 수 없어요. 아이와 꼭 이야기를 나누고 정하는 것이 중요해요.

쉬운 것 하나 예를 들어볼까요?

'신발 정리'를 약속 달력을 만들어 볼까요? 첫 번째는 먼저 달력을 만들고, 약속을 지킬 때마다 'O'를 치는 거예요. 아이가 스스로 약속을 지켜가는 것을 눈으로 확인할 수 있답니다. 이때 부모님의 반응이 중요해요. 부모님은 달력을 보시면서 "와~ 첫날인데 약속을 지켰구나!" "벌써 연속해서 3일이나 약속을 지켰어. 꾸준히 한다는 것은 힘든 일인데! 잘 하고 있어." 등 구체적으로 노력한 것을 칭찬해 주세요. 이것이 두 번째로 할 일이랍니다. 아이의 행동에 대한 부모님의 구체적인 칭찬은 아이에게 자신의 노력이 헛되지 않음을 느끼게 해주고, 인정받는 기쁨을 줍니다. 그리고 '해냈다' 하는 성취감도 느끼게 해 준답니다.

아이와 활동하기

1. 지키고 싶은 약속과 지키기 싫은 약속이 있나요? 각각 그 이유를 적어 보세요.

	약속	이유
지키고 싶은 약속		
지키기 싫은 약속		

2. 부모님과 함께 지키고 싶은 약속 달력을 만들어 보세요.

약속 달력

약속 내용:

월	화	수	목	금	토	일

함께 읽으면 좋은 책 😊

약속은 대단해

토끼 토비와 여동생 비비는 가는 곳마다 다양한 약속과 만나요. 집에서, 길을 걸을 때, 유치원에서. 그런데 가는 곳마다 약속이 다 다릅니다. 우리는 약속을 늘 잘 지키는 것 같지만, 그렇지 않을 때가 많아요. 특히, 혼자 있을 때나, 자기와의 약속은 미루고 싶은 마음이 많습니다. 때론 약속했지만 어쩔 수 없이 다른 일이 생겨 취소할 때도 있어요. 책을 읽으며 끝까지 토비를 따라가다 보면 약속의 기본은 남을 배려하는 마음, 양보하는 마음이라는 것을 깨달게 됩니다.

선안나 글 | **조미자** 그림 | **미세기**

약속할게요

요즘은 아주 어린 아이들도 스마트폰 때문에 인터넷 접속에 가능해졌습니다. 현란한 색감과 움직이는 영상들은 한번 보면 시간 가는 줄 모르게 인터넷 세상에 빠져들게 합니다. 이 책은 스마트폰, 인터넷에 익숙해져 있는 아이들, 또는 인터넷을 막 접하게 된 아이들이 읽으면 더 좋습니다. 사이버 세상에서도 지켜야 할 약속이 있는데, 이야기를 따라가다 보면 자연스럽게 어린이들이 알아야 할 사이버 세상의 다양한 규칙을 알게 된답니다.

원유봉·황보원주 글 | **좋은땅**

20

아빠가 딸에게
해주고 싶은 말

아빠의 브이 사인

소마 고헤이 글
후쿠다 이와오 그림
김수정 옮김
키위북스

    1, 2학년 학부모님들은 학부모 참관일을 긴장하면서 기다리시지요? 집에서는 개구쟁이인데 학교에서도 그럴까 봐 걱정되고, 또는 집에서 순둥이인데 학교에서도 마냥 순둥이처럼 지낼까 봐 걱정되기도 하실 거예요. 레이의 아빠도 두근두근 긴장된 마음으로 레이의 학교에 갔어요.

    참관 수업에 갔더니 담임 선생님이 참관 온 부모님들의 특기를 물으

섰어요. 딸에게 멋진 아빠가 되고 싶은데 무엇이라 말할지 한참을 고민하던 레이 아빠는 비장하게 외쳤습니다. "저의 특기는 달리기예요. 달리기 경주에서는 언제나 1등을 했습니다." 일순간 교실이 조용해지더니 지금까지의 박수 중 가장 큰 박수를 받았어요. 그런데 말하고 난 아빠는 걱정이에요. 초등학교 때 실력이거든요.

레이 아빠는 평범한 우리 가정을 대표하는 아버지의 모습이에요. 평일에는 야근하고, 휴일에는 피곤하니 집에서 쉬고 싶고, 운동할 시간은 별로 없고, 그래서 몸에 살이 많이 붙었어요. 그런 아빠에게 레이가 학교 운동회에서 아버지 이어달리기 시합이 있는데 친구들에게 아빠가 올 거라고 약속했다고 합니다. 어떡하면 좋을까요? 지금은 조금만 달려도 헉헉 소리 나는 몸무게가 96kg이나 되는데요.

이 이야기는 딸에게 운동회 날 1등 하는 모습을 보여주기 위해 힘들지만 끝까지 포기하지 않는 아빠의 고군분투와 아빠를 응원하는 딸의 내용이 담겨 있어요. 아빠의 브이 사인을 읽다 보면, 짧지만 재미와 감동이 있는, 최선을 다하는 것이 얼마나 아름다운지를 보여주는 한편의 영화를 보는 것 같답니다.

이렇게 읽어요

아이와 삽화로만 이야기를 만들 수 있어요

《아빠의 브이 사인》은 글자도 크고 삽화도 흑백이어서 보기에 편안해요. 그런데 흑백 삽화 가운데 몇 장의 컬러 삽화가 있어요. 레이와 아빠가 긴장할 때, 아빠의 노력을 극적으로 강조하고 싶을 때, 넘어져서 노력한 결과를 보지 못할 것 같을 때, 끝까지 포기하지 않는 모습을 강조하고 싶을 때는 삽화에 컬러를 넣었어요. 어른들은 컬러 삽화 6장만 쭉 보아도 아빠의 고군분투기 이야기라는 것을 알 수 있답니다.

아이와 책을 읽고 어떤 장면에서 대화를 나누어야 할지 모르겠다면 일단, 컬러 삽화를 중심으로 이야기를 나누어보세요. 또 레이와 아빠의 마음에 대해서 이야기를 나누어도 좋답니다.

아빠는 약속을 지키기 위해 노력했어요

레이 아빠는 참관 수업일 날 레이한테 멋진 아빠가 되고 싶어서 특기를 말하는 시간에 초등학교 때 달리기 실력을 말해버렸어요.

그런데 큰일 났습니다. 레이가 친구들에게 '운동회 아버지 이어달리기 대회'에 아빠가 참가할 수 있다고 말했대요. 이를 어쩌면 좋나요. 레이 아빠는 그때부터 밥도 못 먹고 엄청난 고민하기 시작했어요. 아빠라면 누구나 자녀에게 슈퍼맨이 되고 싶은 욕망이 있잖아요. '지금은 달리기를 못한다고 사실대로 말할까?', '운동회 날 회사에 일이 생겨서 못 간다고 할까?' 한참을 고민한 끝에 정직하게 말하기로 결정했습니다.

"아빠의 달리기 1등 실력은 초등학교 때 실력이야. 지금은 살이 쪄서 잘 달리지 못해. 그렇지만 지금부터 운동회 날까지 매일 강훈련을 하며 노력할게." 약속대로 매일 훈련을 하는 아빠의 모습에 크게 감동한 레이도 아빠의 훈련에 동참합니다. 부녀지간 사이가 더 돈독해졌겠죠?

책을 읽으며 아빠의 경험을 아이와 공유해 보세요

요즘 아빠들은 자녀와 잘 놀아주고 시간도 많이 보내줍니다. 동네에 어린이 도서관이 있는데, 주말이면 아빠 손을 잡고 도서관에 오는 아이들이 많아졌어요. 엄마처럼 책 내용에 감정을 실어 읽어주지는 않지만, 차분한 목소리로 아이를 무릎에 앉히고 책을 읽어주는 모습을 볼 수 있어요.

"아빠가 책 읽어주면 자녀가 더 똑똑해진다."라는 뉴스 기사가 있어 읽어 보니, 하버드대학에서 가정 연구를 통해 '아빠가 책을 읽어줄 때 더 다양한 어휘와 경험을 활용해 아이의 뇌를 자극한다'는 결과를 얻었다고 합니다.

아버님들! 초등학교 시절 온 동네의 축제였던 운동회를 생각해 보세요. 생각만 해도 행복하시지요? 아이에게 그때는 운동회는 어떤 풍경이었는지, 무슨 경기들을 했는지 자녀에게 들려주세요. 경험을 가지고 아이와 이야기하다 보면 대화 소재가 많아지고, 아이와 자연스럽게 대화할 수 있고 친밀감도 더 쌓을 수 있답니다.

아이와 소통하기

약속이란 무엇인지 이야기를 나눠보세요

친구들 앞에서 아빠가 멋져질 수 있는 기회를 잡은 레이는 아빠의 일정은 생각하지도 않고 친구들에게 아빠가 학교 운동회 아버지 이어달리기 대회에 나올 거라고 말했습니다. 하지만 이 약속은 아빠를 아주 곤란하게 했어요. 아빠의 솔직한 이야기와 결심으로 일이 잘 풀리긴 했지만요.

아이들은 부모님을 보고 자란다는 말이 딱 맞는 거 같아요. 레이는 아빠의 솔직한 이야기를 듣고 이렇게 말해요. "제멋대로 약속을 해서 저도 죄송해요. 저도 아빠랑 같이 특훈할래요."

초등학교 저학년 아이들은 약속을 할 때, 나의 관점에서만 먼저 생각하는 것이 자연스러운 나이입니다. 아직 타인의 입장까지 생각하는 능력이 많이 발달하지 못했기 때문이죠. 그래서 아이들에게 타인과 신뢰를 형성하는 기본이 되는 '약속'에 대해 알려주시는 것이 필요해요. 약속은 혼자 정하는 것이 아니라 다른 사람과 일을 어떻게 할 것인가 함께 정하는 것임을 말이죠. 그리고 지키려고 노력하는 것이 중요하다는 것도 함께 얘기해 주세요.

결과보다는 과정에 최선을 다하는 태도가 중요해요

드디어 운동회 날! 마지막 주자 레이 아빠가 배턴을 이어받아 달리기 시작했습니다. 결승전이 40미터 앞! 다른 아빠들은 힘이 드는지 조금씩 뒤쳐지는데 레이 아빠는 여전히 같은 속도로 달리고 있어요. 모두 레이 아빠의 1등을 확신한 그때! 아빠의 다리가 뒤엉키며 갑자기 고꾸라지며 넘어졌습니다. 지금 일어나서 달려도 다른 반 아빠들을 따라잡기는 힘들겠어요. 하지만 레이 아빠는 결과보다는 꼭 1등 해서 브이 사인을 해주겠다던 레이와의 약속을 떠올리고 다시 일어나서 달렸어요. 비록 1등을 하지는 못했지만 끝까지 최선을 다하는 아빠의 모습이 레이 눈에는 멋있게 보였어요. "아빠 힘내세요"라고 레이가 큰 목소리로 외치자 반 친구들도 큰 소리로 함께 응원해 주었습니다. 퇴장하는 레이 아빠는 레이만 알 수 있도록 작은 브이 사인을 보냈답니다.

레이는 특훈을 하며 힘들어하는 아빠께 "아빠 이제 그만 하세요."라고 말도 했어요. 그때 아빠가 레이에게 "레이야, 중요한 건 끝까지 힘을 내는 거야. 절대 중간에 포기하면 안 돼. 스포츠는 끝날 때까지는 끝난 게 아니거든. 그러니까 최선을 다해야 한다."라고 말씀하셨어요. 모든 부모님이 자녀들에게 하고 싶은 말씀이 아닐까 합니다.

아이와 활동하기

1. 약속이란 '다른 사람과 앞으로의 일을 어떻게 할 것을 미리 함께 정하는 것'이에요. 레이 아빠는 이어달리기에서 꼴찌를 하고도 레이에게 1등 하면 하겠다던 브이 사인을 했어요. 그 까닭은 무엇인가요?

2. 레이는 아빠가 비록 꼴찌를 했지만, 끝까지 포기하지 않고 달린 모습에 감동했어요. 결과에 상관없이 열심히 해서 끝까지 한 경험이 있나요?

3. 레이 아빠가 레이에게 한 말 중에서 기억하고 싶은 말이 있나요? 찾아서 적어보세요.

구름빵: 약속은 지켜야 해

이 책은 학교에서 학급 도우미 역할을 처음 맡는 부우의 이야기입니다. 부우는 친구들의 부탁을 들어주는 것이 좋았습니다. 그런데 친구들이 점점 부우가 할 수 없는 일들을 부탁해요. "천체 망원경 구해줘." "잠수함에서 수업하자." 부우는 친구들의 부탁을 받고 어렵다는 것은 알지만, 거절하지 못하고 약속해버립니다. 마음 약한 아이들은 종종 누군가의 부탁을 받으면 거절하지 못하고 속으로 끙끙 앓는 경우가 많아요. 그런 아이들이 읽으면 좋겠어요. 약속은 서로 존중하며 할 수 있는 일을 하는 것입니다. 홍비의 충고로 친구들 앞에서 사실대로 고백해 문제를 해결한 부우는 앞으로 자신이 지킬 수 있는 약속만 하기로 합니다.

GIMC, DPS 글 | **백희나** 그림 | **한솔수북**

약속 꼭 지킬게

어떤 아이들은 생활 속에서 동생, 엄마, 친구 등 다른 사람과의 약속을 대수롭지 않게 생각합니다. 이 책은 약속의 중요성을 보여주며, 아이들이 '뻔'하다고 생각하는 내용이 아닙니다. 오히려 "약속을 꼭 어겨야 돼."라는 것으로 이야기를 풀어나가 아이들에게 스스로 생각할 기회를 주고, 약속의 중요성을 깨닫게 해줍니다. 부록에는 아이에게 실제로 적용할 수 있도록 약속 체크리스트와 약속을 잘 지키기 위한 구체적인 행동들이 정리되어 있습니다.

강민경 글 | **박진아** 그림 | **스콜라**

21

친구와 친하게 지내고 싶다면 이렇게 해보세요!

새 친구가 이사 왔어요

레아 골드버그 글
박미영 옮김
주니어랜덤

얼마 전 '이웃집과의 거리는 천 리 길'이라는 공익 광고를 본 적이 있습니다. 아파트 이웃집 사이에 철도가 그려져 있었는데, 순간 내 이웃집을 떠올려 보게 되었지요. 천 리 길만큼 멀게 느껴졌습니다. 지금 우리가 사는 시대는 통신 기술이 발달하면서 내가 사는 마을을 세계 여러 나라의 사람들과 이웃을 만들어 놓았습니다. 친구가 되기 위해 굳이 마음먹지 않아도 어느새 손 안의 스마트폰 속에

나도 모르는 사람이 친구가 되어 저장되어 있기도 합니다. 하지만 가깝게 지내는 친구끼리도 마음으로는 천 리 길만큼 먼 거리에 있는 게 우리들의 현실입니다.

아이들도 마찬가지 아닐까요? 친구는 있지만, 마음을 나누지 못한다면 진정한 친구가 될 수 없습니다. 어떻게 하면 서로가 가까운 이웃이 되고, 친구가 되어 마음을 나누며 지낼 수 있을까요? 이웃과 소통하는 것이 왜 중요할까요? 《새 친구가 이사 왔어요》 책에 나오는 동물들의 모습을 통해서 생각해 볼 수 있습니다.

이렇게 읽어요

좋은 이웃이란 어떤 이웃일까요?

　시골 마을 예쁜 5층 집에 동물 친구들이 함께 살고 있었습니다. 생쥐와 암탉, 뻐꾸기와 고양이, 다람쥐가 주인공이지요. 어느 날 5층에 살던 생쥐가 인사도 없이 떠나게 되자, 그곳을 다른 친구에게 빌려주기로 결정합니다. 제일 먼저 이 집을 찾아온 개미는 집을 둘러본 후 집은 좋지만 뚱뚱하고 게으른 암탉 때문에 이웃하기 싫어서 함께 살 수가 없다며 가버립니다. 두 번째로 엄마 토끼가 집을 보러 왔는데 집은 좋지만 혼자만 편하게 사는 뻐꾸기 엄마와 살 수 없다며 가버렸지요. 그 후에도 예쁜 집을 찾아온 동물들은 집은 마음에 드는데, 함께 살게 될 친구들이 모두 마음에 들지 않는다며 이 집에서 살지 않겠다고 합니다.

　개미와 엄마 토끼는 좋은 이웃이 될 수 있을까요? 함께 지내는 이웃(친구)이 조금이라도 자신에게 피해를 주거나 자기의 마음에 들지 않으면 나쁘다고 말하고, 같이 살기 싫다고 하는 것은 옳지 못하겠죠. 나와 다른 삶의 방식을 인정하지 않고 이해하려는 마음이 부족한 것입니다. 누군가의 삶을 이해하기 위해서는 나의 관점에서 보기보다는 그 사람의 여러 가지 상황과 삶의 과정을 이해하고 그들의 행동을 생각해 보아야 합니다. 이러한 노력은 사실 다른 문화를 가진 사람 간에 소통을 위해 필요한 전제 조건이 됩니다. '그 사람 알고 보니……'이라는 이해가 성립된다면 소통은 생각보다 훨씬 쉬워집니다. 부모가 먼저 이웃과 잘 지냄으로써 나와 다른 사람들의 생활 문화를 이해하려는 열린 마음을 가질 때 아이들도 누군가에 좋은 친구, 좋은 이웃이 될 수 있습니다.

좋은 이웃이 되기 위해서는 어떻게 해야 할까요?

예쁜 5층 집에 마지막으로 비둘기가 찾아왔어요. 비둘기는 집을 살핀 후 방도 좁고 부엌도 좁다고 합니다. 그런데 같이 사는 이웃이 마음에 들어서 같이 살고 싶다고 했어요. 비둘기가 본 암탉은 볏이 아름다웠고, 뻐꾸기는 예쁘게 생겼고, 검은 고양이는 깔끔했고, 다람쥐는 열심히 호두를 까고. 비둘기는 친구들의 모습이 좋아 보인다고 합니다. 결국 비둘기는 예쁜 5층 집 꼭대기 층의 주인이 되었어요.

비둘기와 전에 찾아왔던 동물들의 차이점은 무엇일까요? 비둘기는 친구들의 좋은 점을 보았고, 다른 동물들은 친구들의 나쁜 점 보았어요. 장점이란 좋아하거나 잘하는 긍정적인 힘을 말해요, 단점은 잘못되고 모자라는 점을 말합니다. 개미는 암탉이 뚱뚱하고 게으르다고 했지만, 비둘기는 볏이 아름답다고 말했어요. 꾀꼬리는 다람쥐가 하루 종일 시끄럽게 호두를 깐다고 했지만, 비둘기는 다람쥐가 열심히 일한다며 칭찬했습니다. 칭찬은 상대방을 존중하는 마음이 있을 때 가능합니다.

다른 사람이 가진 장점이든 단점이든 이것은 상대방을 바라보는 내가 만든 생각입니다. 자신의 마음에 들지 않고 나와 다르면 그것이 친구의 단점이 되는 거예요. 반대로 나와 비슷하고 내 마음에 드는 행동을 하면 우리는 그 점을 친구의 장점이라고 합니다. 누구나 가지고 있는 장점이든 단점이든 그 사람을 나타내는 개성일 뿐입니다. 각자가 가진 개성을 존중할 때 함께 할 수 있습니다.

이웃과 소통하는 것이 중요해요

'우리 학교, 우리 사회, 우리 나라'라고 하는 공동체 의식을 가지고 있을 때, 서로 돕고 협력하는 모습이 자연스럽게 나타납니다. 예전부터 우리 민족의 공동체 의식은 '계', '두레' 같은 풍속에서도 잘 나타나고 있습니다. '나'보다는 '우리'를 소중히 여기는 강한 공동체 의식은 개인마다 공동체의 목표를 실현하기 위한 열정을 갖게 하고 헌신하게 합니다.

이웃과 소통하는 것이 중요한 이유는 이러한 공동체 의식을 갖기 위해서입니다. 세상에 나 혼자가 아닌 더불어 살아갈 존재가 있다는 것입니다. 함께 생각을 나누고, 행동하며 모두가 바라는 좋은 세상을 만들어 가는 것이 공동의 목표가 되겠지요. 목표를 이루기 위해서는 각자의 자리에서 역할을 감당하고 서로를 위해 자신을 조금이라도 희생하려는 마음이 필요합니다.

이야기 속 동물들이 '함께 사는 친구'라는 공동체 의식이 있었기에

예쁜 집이 완성될 수 있었습니다. '이웃'이 되고 '친구'가 된다는 것은
공동체로의 첫걸음이 될 수 있습니다.

아이와 소통하기

나와 다르다는 이유로 '잘못됐다'고 말하면 안 돼요

아이들은 자신과 생김새가 다르고, 좋아하는 것, 생각하는 것이 다른 친구를 만나면 친구 되기를 꺼리고 심지어 '나쁘다'고 하며 싫어할 수 있습니다. 그때 먼저는 내 아이의 감정을 인정하는 것이 중요하겠죠. 그리고 나서 친구의 입장에서 한 번 생각해 보자고 할 수 있습니다. "친구가 왜 그런 행동(말)을 했을까?" 친구의 마음을 먼저 생각해 보고 살펴볼 수 있어야 합니다. 그리고 부모가 그 상황이라면 어떻게 할지 이야기를 나눠봅니다. 친구와 내가 서로 다른 환경에서 생활하고 있어 생각이 다르고 경험이 다를 수 있음을 알 수 있습니다. 그래서 친구와 내가 서로 다르다는 것을 알고 서로 인정해 주면 마음을 나누는 진정한 친구가 될 수 있음을 말해주세요.

친구를 칭찬해 주세요

《새 친구가 이사왔어요》 책 속의 비둘기처럼 친구의 나쁜 점보다는

좋은 점을 보려고 노력하는 것이 중요합니다. 장점이든 단점이든 모두 친구의 개성이지요. 아이들이 학교에서 돌아와 자주 친구를 험담하는 것을 듣습니다. 그럴 때 친구를 긍정적으로 바라볼 수 있도록 도와주세요. 예를 들어 "그 친구는 무엇을 잘하니?", "친구가 어떤 행동을 할 때 좋아?" 하고 질문해 보세요. 작은 것이라도 찾아서 친구를 칭찬할 때 친구를 좋아하는 마음이 생길 수 있습니다.

아이와 활동하기

1. 나의 이웃(친구)은 누가 있을까요?

2. 나와 친구가 다른 점을 찾아 이야기해 보세요,

3. 내 친구를 칭찬해 주세요.

친구 이름	잘하는 것 / 칭찬하고 싶은 내용	별명

감자 이웃

작은 나눔과 작은 친절이 우리의 삶과 세상을 바꿀 수 있음을 생각하게 하는 책입니다. 아이나 어른이나 녹록지 않은 세상을 살아가고 있는 요즘, 이웃과의 소외문제가 커지면 커질수록 공동체 마을을 회복하고 싶은 욕구도 더욱 커지고 있습니다. 이 책은 이러한 사회에서 필요한 것은 특별한 것이 아닌 다른 사람에 대한 관심과 마음뿐이라는 걸 말해 주고 있습니다. 사람살이의 지혜를 터득해 온 할아버지의 작은 실천을 통해 따뜻한 마음을 전해주고 있습니다.

김윤이 글·그림 | **고래이야기**

친구란 어떤 사람일까?

나에게 친구란? 친구는 내 이야기를 들어 주고, 함께 있으면 기분 좋아지고, 나와 함께 놀아 주는 사람이다. 내가 먼저 말을 걸고, 먼저 좋은 친구가 돼 주면 친구를 사귈 수 있다. 친구가 없는 외톨이는 세상에서 가장 불행한 사람이다. 친구를 많이 사귀는 것보다 중요한 건 우정이 있어야 한다. 항상 내 옆에 있는 친구가 과연 어떤 사람인지, 왜 친구가 필요한지 묻

고 답하며 친구의 소중함을 생각해 보게 한다. 서로 실수를 알려주고 고쳐 나가면서 조금씩 나은 사람이 되게 하는 존재가 친구다. 함께 나란히 걸으며 서로 잘되기를 바라는 친구가 넘쳐난다면 경쟁적이고 삭막한 생활이 좀 더 기쁘고 즐거울 것이다.

채인선 글 | **한지선** 그림 | **미세기**

22

왜 다른 사람에게 관심을 가져야 할까요?

우당탕탕, 할머니 귀가 커졌어요

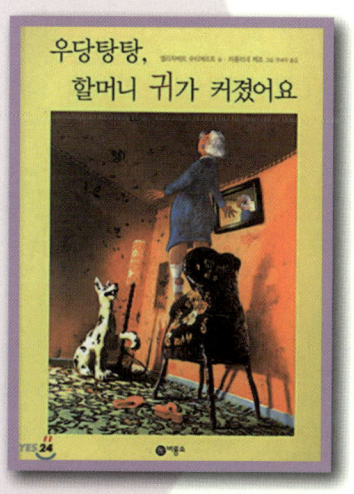

엘리자베트 슈티메르트 글
카롤리네 케르 그림
유혜자 옮김
비룡소

이 책은 표지부터 예사롭지 않습니다. 화려한 무늬의 양탄자와 스탠드, 고급스러운 의자, 깔끔하고 예쁜 강아지가 있는 방입니다. 그런데 백발에 세련된 옷을 입은 할머니가 의자 위에 올라가 있습니다. 그것도 발뒤꿈치를 들고 최대한 천장에 가까이 가려고 애쓰고 있는 모습입니다. 더구나 한쪽 발에 붕대를 감은 거로 보아 발이 아픈 것 같은데 대체 뭣 때문에 그러는 것일까요? 천장에 벌레가 붙어 있는 것일까요? 분명 할머니에게는 매우 긴급하고 중요한 일인 듯합니다.

호기심을 잔뜩 갖고 책장을 넘겼는데 웬일일까요? 할머니는 나오지 않고 한 가족이 등장합니다. 이 가족은 할머니가 사는 집의 위층에 살고 있습니다. 어느 집이나 그렇듯이 아이들은 웃고 떠들고 뛰어다닙니다. 엄마, 아빠는 소리가 덜 나게 하려고 바닥에 카펫을 깔았지만, 소용이 없었습니다. 조금만 떠들어도 아래층에 사는 할머니가 올라옵니다. 날마다 올라와서 잔소리를 해댑니다. 커다란 빗자루로 천장을 찌르기도 하고 난방기를 시끄럽게 두드리곤 합니다. 이건 뉴스에 자주 등장하는 이웃 간 층간 소음 문제나 다름없습니다.

그런데 어느 날 위층이 조용해집니다. 더 이상 아무 소리도 들리지 않습니다. 아래층 할머니는 궁금해서 견딜 수가 없습니다. 의자를 높이 쌓아놓고 천장에 귀를 갖다 대며 소리를 들으려고 애쓰지만, 아무 소리도 안 들립니다. 그러던 중 이상하게도 할머니 귀가 점점 커지더니 마침내 바닥에 질질 끌릴 정도로 길어졌습니다. 집으로 온 의사는 귀가 길어진 원인이 '못 들어서 생기는 병'이라고 말합니다. 시끄러운 소리를 들어야 나을 수 있다는 것이지요. 위층 가족은 할머니를 도와주기로 합니다. 마침내 할머니 귀가 다시 정상으로 돌아옵니다.

CHAPTER 4 공동체 : 함께 행복한 세상을 만들어가요.

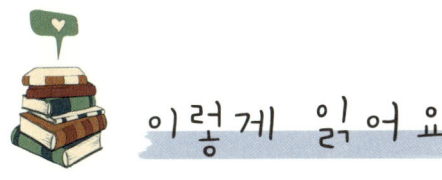

서로의 입장에서 먼저 생각해 보세요

이 책을 통해 작가가 하고 싶은 말은 마지막 장면에 담겨 있습니다. 아래층 위층 두 가족이 창문을 활짝 열고 웃고 있습니다. 서로 화목하게 지내는 모습이지요. 이 책은 두 개의 시점에서 이야기를 살펴볼 수 있는데, 하나는 위층 아이들 입장에서, 하나는 할머니의 입장입니다.

먼저 아이들 처지에서 이야기를 나눠보세요. 좁은 집에서 살다가 넓은 집으로 이사 온 아이들의 기분은 어땠을까요? 또 할머니가 매일 쫓아와서 화를 낼 때 어떤 마음이 들었을까요? 왜 아이들은 생쥐처럼 굴기로 했을까요? 이번에는 할머니 입장에서 생각해 봅니다. 할머니는 왜 그렇게 위층에서 나는 소리에 화가 났을까요? 그리고 나중에는 그토록 애를 쓰며 소리를 들으려고 했을까요? 할머니가 그렇게 한 까닭을 알려면 할머니가 어떻게 살고 있는지 살펴볼 필요가 있습니다. 할머니는 강아지와 둘이서 삽니다. 할머니 집 벽에 걸린 많은 액자 속에는 오로지 할머니 혼자 찍은 사진만 있습니다. 찾아오는 손님도 없이 외롭게 지내고 있는 할머니에게 위층 아이들의 소리는 매우 크게 들릴 수 있습니다. 아이들은 왜 할머니가 '못 들어서 생긴 병'에 걸렸는지 얼른 이해가 안 될 수도 있습니다. 소리를 못 들어도 병이 생긴다는 걸 상상하기 힘들겠지요. 그럴 때 온종일 또는 며칠 동안, 몇 달 동안 가족도 없이 혼자 집에 있다면 어떤 기분이 들지 상상해 보게 합니다. 그리고 할머니는 오랫동안 사람들과 어울리지 못해서 사람들의 말소리가 그리웠던 것이라고 설명해 주면 좋겠지요. 좀 시끄럽더라도 함께 이야기를 나누고 사는 것이 건강하게 사는 비결임도 알려주고요.

아이와 소통하기

이해하고 존중하는 태도가 중요해요

이 책은 우선 이웃과 잘 지내는 방법을 알려줍니다. 흔히 층간 소음으로 인한 분쟁을 보면 상대방에게 문제가 많다고 비난합니다. 그런데 이 책의 아이들은 할머니를 원망하지 않고 할머니를 위해 생쥐처럼 조용히 지냅니다. 이웃 간에 다툼이 생겼을 때는 자기 입장만 내세울 게 아니라, 다른 사람의 입장을 이해하고 존중하는 태도가 중요함을 알 수 있는 대목입니다. 더구나 할머니가 병에 걸렸다는 말을 듣고 할머니를 위해 마구 떠들어대는 것을 보면 참 좋은 이웃이구나 하는 생각이 듭니다. 이 책과 같은 사연을 텔레비전 다큐멘터리 프로그램에서 본 적이 있습니다. 혼자 사는 할머니가 같은 아파트에 사는 이웃집의 소음 때문에 못 살겠다고 날마다 찾아가서 소리치는 이야기였습니다. 텔레비전 제작팀이 확인해 보니 그 이웃집에 아무도 살지 않는데도 할머니 귀에는 계속 소리가 들렸습니다. 제작진은 할머니가 살아온 과정과 현재의 처지를 보아 할머니는 외로움에 시달리고 있는 것 같다고 말합니다. 이처럼 외로운 노인들의 사연은 고독사와 같은 심각한 사회 문제로 나타나기도 합니다. 시몬느 드 보봐르는 《노년》이라는 책에서 한 사회가 노년을 대하는 태도는 곧 그 사회가 사람을 대하는 가치관에서 비롯된다고 말합니다. 그러면서 "만약 한 사람의 인생에서 마지막 20여 년 동안을 사회에서 인수를 거절당한 불량품으로 살아가야 한다면 그건 서양 문명의 실패"라고 말했습니다. 노년의 지위는 그 사회가 부여한다는 것이지요. 그러므로 젊은 부모들이 노년에 대해 가진 태도는 그들의 자녀들이 나중에 부모에게 갖는 태도와 같을 것입니다.

초등 저학년 아이들이 접하는 이웃은 대부분 부모님과 친하게 지내는 이웃 사람들이거나 또래 친구들입니다. 동네에서 마주치는 낯선 어른들에게 말을 걸거나 관심을 두기는 어렵지요. 부모님이 먼저 이웃들과 잘 지내는 모습을 보여주고 홀로 사는 노인이나 어려운 처지의 사람에게 관심을 보이면 아이들도 자연스럽게 이웃을 알게 될 것입니다. 이 시기에는 뜻이 맞는 부모님들이 모여 공동 육아 형태로 품앗이 교육을 하는 것도 좋습니다. 평일 방과 후에 함께 어울려 놀게 하고 주말에는 함께 견학을 다니면서 사회성을 기를 수 있습니다. 또 홀로 사는 노인이나 요양원을 찾아가 말벗이 되어주는 봉사 활동을 실천하는 것도 좋겠습니다. 가족 합창단이나 작은 오케스트라를 만들어 공연하거나, 함께 산책하기 등도 시도해 볼 수 있을 것입니다.

아이와 활동하기

1. 시끄러운 것을 싫어하는 할머니를 위해 아이들은 어떤 배려를 했나요?

2. 아이들의 더 이상 뛰지 않아요. 이제 할머니는 행복해졌을까요? 할머니에게 어떤 변화가 생겼나요?

3. 책 속의 아이들이 할머니에게 편지를 쓴다면 어떤 내용일지 상상해 보세요.

4. 이번 일을 겪으면서 할머니는 무엇을 깨달았을까요? 할머니가 일기를 쓴다면 무엇이라고 쓸지 상상해 보세요.

아파트

민서네는 큰 아파트로 이사를 왔습니다. 민서는 아파트에서 마주치는 사람들에게 인사를 하지만 모두 바쁘게 지나쳐 버립니다. 어느 날부터 아파트에서 '퉁' 하는 소리가 들려 민서는 윗집, 위층 옆집과 아래층 집을 가보았지만, 모두 아니라고 합니다. 사람들이 경비실로 몰려가, 소리의 정체가 아파트 앞 나무에 사는 딱따구리라는 것을 발견하게 됩니다. 이 일을 계기로 그동안 몰랐던 이웃끼리 친근해지게 됩니다. 주변에서 일어날 수 있는 층간 소음 문제를 통해 이웃 간의 소통이 얼마나 중요한지를 생각하게 하며 이웃에 대해 다시 돌아보게 합니다.

어린이통합교과연구회 글 | **명진** 그림 | **상상의집**

쿵쾅쿵쾅 새 아파트

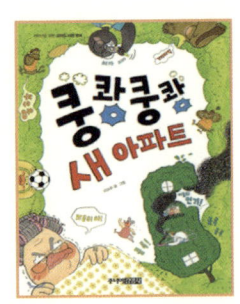

숲 속에 있는 새 아파트는 4층이다. 1층에 할아버지 새 2층에는 아기 새와 엄마 3층에는 할머니 새 4층에는 꼬마 새 하루라도 조용한 날이 없어 시끄럽다. 어느 날 하늘에서 뚝 떨어진 돌멩이 하나가 아파트 전체 가운데에 구멍을 만들고, 구멍을 막아 놓은 나무판자 사이로 온갖 소리가 들려 새들은 더 불편해진다. 하루는 3층 할머니 새가 나무판자 구멍에 끼게 되자 모두 힘을 합쳐 할머니를 구한다. 시간이 지나면서 새들은 구멍을 통해 서로 대화도 하고 필요한 것을 나누어 주면서 새 아파트는 달라지기 시작한다. 진짜 이웃이 되어간다.

이소유 글·그림 | **주니어김영사**

23

나와 달라도 친구가 될 수 있을까요?

달라도 친구

허은미 글
정현지 그림
웅진주니어

우리 주변을 한 번 돌아보세요. 놀랍게도 똑같은 사람은 한 명도 없습니다. 생김새나 성격, 재능 등 조금이라도 비슷하게 생긴 사람을 찾으려고 해도 만날 수가 없습니다. 그래서 가끔 매체를 통해 서로 닮은 사람이 나오면 화젯거리가 되기도 하지요.

아이들에게 자신들이 살아가는 실제 세상은 어떻게 느껴질까요? 낯설기만 할 뿐이겠지요. 만나는 친구들이 저마다 다른 생김새를 가지고 있고, 잘하는 것이 있고, 못하는 것이 있고, 함께 사는 가족이 다릅니다. 이런 모습을 보면서 아이들은 때로는 두렵기도 하고 무섭게 느껴질 때도 있을 것입니다.

하지만 아이들의 눈에 보이는 다양한 세상은 행복한 곳으로 또 다른 세상이 될 수도 있습니다. 자신과 함께 살아가는 많은 이웃이 있기 때문이지요. 자신을 사랑해 주는 가족이 있고, 언제나 인사를 받아주는 동네 아저씨들, 따뜻하게 맞아주시는 선생님과 마음이 통하는 친구들이 있어 즐거운 곳이 되기도 합니다.

《달라도 친구》 책을 읽으며 들판에 핀 꽃처럼 일곱 빛깔 친구들의 이야기를 들어봅시다. 성격, 외모, 취향, 가족 구성인종이 각각 다른 친구들을 통해 나와 다른 사람들을 자연스럽게 만나게 되고 서로가 달라도 친구가 되는 것을 알 수 있습니다. 각각 다른 사람의 이야기를 들으며 은하는 왜 말이 없는지, 슬하는 왜 징그러운 거미가 좋다고 하는지 알게 되고 그 과정에서 너와 내가 다르고, 네가 나와 다른 것은 그 모습대로 의미가 있고 인정해야 한다는 것을 자연스럽게 깨닫게 됩니다. 지금 세상보다 훨씬 더 다원화된 세상에서 다양한 이웃들과 더불어 살아가야 할 우리 아이들에게 다른 사람의 입장이 되어 보는 경험이 될 수 있습니다.

이렇게 읽어요

'다름'은 또 하나의 세상

《달라도 친구》는 일곱 빛깔을 가진 친구들의 이야기입니다. 조용한 은하, 키가 작은 준이, 거미를 좋아하는 슬기, 다리가 불편한 찬이, 부모님과 따로 사는 지우, 피부색이 다른 미누, 조선학교 학생 리향이를 통해 나와 다른 사람들의 이야기를 들려줍니다.

아이와 책을 읽으면서 등장인물은 누가 나오는지, 인물마다 특징은 어떠한지 구체적으로 생각해 보는 것이 중요합니다. 말이 없는 슬기는 "내가 말이 없는 건 부끄러움이 많아서 그래. 난 말은 좀 못하지만 그림 그리는 건 좋아해"라고 말하며 멋지게 마음을 표현합니다. 다리가 불편한 찬이는 "걸음은 좀 느리지만 수영은 누구보다 자신 있어."라고 대답하며 신나게 수영합니다. 키가 작은 준이는 숨바꼭질을 잘하고, 거미를 좋아하는 슬기는 동물학자를 꿈꾼다고 합니다. 지우는 아빠, 엄마와 따로 살지만 동물 동생들이 있고, 미누는 피부색은 다르지만 다리가 불편한 친구에게 손을 내밀 줄 아는 멋진 마음을 가졌습니다.

이 책은 어른들이 만들어 놓은 편견으로 가득 찬 세상과 달리 저마다 다른 아이들이 편견 없이 즐겁게 노는 모습을 보여줍니다. 상대방의 다름을 인정하고 다양함이 공존하는 세상을 꿈꾸게 합니다. 다르기 때문에 서로가 필요하고 도움을 주고받을 수 있습니다. 그래서 함께 살아야 한다고 조용히 말합니다. '다름'은 어찌 보면 이웃과 함께 살아가는 지혜를 배우게 해 주는 것입니다. 아이들의 모습을 통해 편견 없이 함께 사는 세상에서 우리와 비슷한 사람이건 다른 사람들이건 모두 더불어 살아가야 할 우리의 이웃임을 생각해 봅니다

나만의 개성이 있어요

개성이란 다른 사람과 구별되는 개인 고유의 특성이라고 할 수 있습니다. 꽃에 향기가 있는 것과 같습니다. 향기가 비위에 거슬린다고 하여 꽃의 향기를 바꿀 순 없습니다. 그 자체가 그 꽃을 말해주는 것이기 때문입니다.

이야기를 읽다 보면 아이들이 자신의 개성을 잘 표현하고 있습니다. 슬기는 부끄럼이 많아 말을 잘 못 하지만 그림 그리는 건 좋아한다고 합니다. 다리가 불편한 찬이는 걸음은 느리지만 수영은 자신 있다고 말합니다. 보통은 자신이 못 하는 부분만 생각하고 주눅 들어 있는데 이야기 속 친구들은 왜 못 하게 되었는지 알고 있습니다. 그뿐만 아니라 자신이 잘할 수 있는 것도 잘 알고 있습니다.

아이들과 함께 책을 읽으며 자신이 다른 아이들과 다른 점은 어떤 점인지 이야기해 보고 왜 다른지도 생각하다 보면 사람마다 다른 개성을 이해할 수 있고 친구를 배려하는 마음도 배우게 된답니다.

아이와 소통하기

무엇이 무엇이 똑같을까?

초등학교 1, 2학년 아이들은 또래 친구와의 만남을 두려워하면서도 간절히 원하고 있습니다. 적극적으로 친구가 되기 위해 노력하는 남자 아이들은 때론 과격한 행동으로 여자아이들에게 다가가 미움을 사기도 하지요. "왜 친구들을 때렸니?" 하고 물으면 때린 것이 아니라고 하며 울먹이기도 하지요. 친해지고 싶었던 마음을 알기에 그 모습을 보면 안쓰럽게 느껴집니다. 여자아이들은 서로가 '베프'(베스트프렌드)라고 하며 똑같은 반지를 끼거나 색깔 맞춤의 옷을 입고 와서 보여 주기도 합니다. 얼굴에는 미소가 한가득하여 행복하다고 말하지요. 마음을 나눌 때 행복한 아이들. 이들의 눈에는 마음을 나눌 수 있는 친구들의 마음만 보입니다. 아이들이 마음껏 친구들을 만나고 놀며 마음을 나눌 수 있게 도와주세요. 그럴 때 행복한 아이로 자랄 수 있습니다.

나와 다른 사람과 친구 되기

일곱 빛깔 무지개가 아름다운 것은 일곱 개의 빛이 드러나 하나의 무지개다리를 만들기 때문입니다. 이야기 속 일곱 빛깔 친구들이 아름다운 이유는 저마다의 빛깔을 드러내며 어울려 놀기 때문이지요.

"나무에 새가 날아와 울고 있으면 나무는 아까와는 전혀 다른 모습이 됩니다. 나무는 무엇이 오든지 자기에게 오는 것을 받아들이기 때문에 늘 새롭게 보인답니다. 그래서 나무를 바라보고 있으면 편안합니다. 사람들이 나무 밑에 앉고 싶고, 바닷가에 가고 싶고, 산을 오르고 싶은 것은 그것들이 늘 우리를 받아들여 주기 때문입니다" 〈어린이 인성 사전〉 중에서

나와 다른 사람과 친구 되는 것 싶지 않습니다. '다름'은 언제부턴가 불편하고 힘든 것이 되었습니다. 마음을 열면 많은 것들이 찾아옵니다. 나무와 바다와 산처럼 늘 새로워질 수 있는 것이지요.

아이들이 친구와 싸우면 친구를 미워하게 되고 친구에 대한 원망과 미움을 키웁니다 . 하지만 며칠이 지나 그 친구를 보면 불안해지고 외로워집니다. '나에게 와 주었으면' 하는 마음이 듭니다. 그러다 용기를 내어 못 이기는 척 친구의 어깨를 부딪쳐 봅니다. 친구가 씩 웃습니다. 이럴 때 아이의 마음이 후련해지겠죠. 마음을 열기 위해서는 용기가 필요합니다. 마음을 활짝 열어 둘 때 나와 다른 많은 사람과 친구가 될 수 있습니다.

아이와 활동하기

1. 서로의 생김새, 성격, 성별, 생활이 달라도 친구가 될 수 있을까요? 자신의 생각을 말해봅시다.

2. '다른 것'과 '틀린 것' 구분해 봅시다. 맞는 것에 ○, 틀리면 X를 하세요

> **틀리다** : 셈이나 사실 따위가 그르게 되거나 어긋나다. "옳지 아니하다"
>
> **다르다** : 비교가 되는 두 대상이 서로 같지 아니하다. "같지 아니하다"

– 나와 친구는 틀리게 생겼습니다 (   )

– 나는 너와 성격이 다르다 (   )

– 나와 친구는 다르게 생겼습니다 (   )

– 쌍둥이는 서로 성격이 틀리다 (   )

– 아들이 아버지와 얼굴이 다르다 (   )

– 계산이 틀리다 (   )

3. 자신만의 개성을 찾아 '나를 소개'해 보세요.

 – 나는 다른 친구들과 어떻게 다른지 나만의 장점을 표현해 보세요.

 '울퉁불퉁 토마토' 노래에 맞추어 불러보세요

" 나는야, 행복한 _____ !"

_____처럼 ____사랑스러워____

_____처럼 _____

제일 예쁜 건 내 마음

랄랄랄라

나는야, 행복한 _____예~

나는야,_____헤이

나는야, ____사랑스러워____ 와우^^

멋쟁이 " _____ "

내 친구들을 소개할게

알렉스는 생일날 초대한 친구들을 한 명씩 소개하면서
마음이 따뜻해집니다. 친구를 소개하는 알렉스의 다정한
말투가 큰 역할을 하고 있습니다. 또 다른 이유는 알렉스
가 직접 다양한 피부색, 종교, 문화를 가진 자신의 친구
들을 소개하고, 사람들이 편견 없이 즐겁게 어울리고 있
기 때문입니다. 세상을 살아가는 모습이 제각각 다르지

만 그들을 있는 그대로 받아들이고 즐겁게 어울리는 주인공의 모습에서 무엇이 중요한
지를 알 수 있습니다. 어른들이 만들어낸 편견에서 벗어나 아이들의 순수한 동심을 느
낄 수 있는 책으로, 모든 사람이 웃고 있는 표정의 그림은 기분을 좋게 만들어 줍니다.

엘레나 아그넬로 글 | **아드리 르 루** 그림 | **강이경** 옮김 | **머스트비**

성격이 달라도 우리는 친구

소녀 '펄 발리'와 소년 '찰리 파슬리'는 아주 친한 친구이지만
성격이 낮과 밤처럼 다릅니다. 그래서 사람들은 펄과 찰리가
친구인 것을 이해하지 못할 때가 있습니다. 펄이 시끄럽게 노
래를 부르는 동안 찰리는 조용히 책을 읽습니다. 펄이 뛰어다
니는 것을 좋아하지만 찰리는 가만히 생각에 잠기는 것을 좋아
하지요. 펄과 찰리는 왜 친구가 되었을까요? 그들이 차이는 반

대되는 것 같지만 서로에게 부족한 점을 보충하는 역할을 하고 서로 곁에 머물도록 하
게 합니다. 이 둘의 이야기를 통해 서로 다른 사람이 '너와 다른 것도 괜찮다'고 말하고
있으며, 어찌 보면 아름다운 조화임을 깨닫게 합니다.

에런 블레이비 글 | **발레리아 도캄포** 그림 | **김현좌** 옮김 | **세용출판**

24

모두가 잘하는 것이 달라요

아씨방 일곱 동무

이영경 글·그림

비룡소

《아씨방 일곱 동무》의 원작은 조선시대의 작품인 《규중칠우쟁론기》입니다. 이 작품의 지은이와 발표 연대는 알려지지 않았습니다. '규중칠우'란 부인들의 방에 있는 일곱의 벗을 말합니다.

《아씨방 일곱 동무》의 첫 번째 특징은 사물들을 사람처럼 의인화하여 책의 내용을 이해하기 쉽고 재미있게 꾸몄다는 것입니다. 또한, 책 내용의 구성은 짧지만, 규방에서 바느질하며 느낄 수 있는 정서가 잘 표현되어 있습니다. 두 번째 특징은 책에 그려진 그림들입니다. 책 속 인물들이 입은 옷의 색상이 화사하고 곱다는 것입니다. 등장인물 옷차림에서 우리 한복의 아름다움을 느낄 수 있으며, 전통 바느질 도구도 이해할 수 있게 표현했습니다.

작가가 직접 글과 그림으로 표현한 《아씨방 일곱 동무》는 인물 캐릭터를 통해 재미있게 표현한 것이 특징입니다. 예를 들면 가체머리를 한 홍실 각시, 큰 키를 뽐내는 자 부인, 새침데기 바늘 각시 등 바느질 도구의 특징을 잘 살려 캐릭터를 구성하였습니다. 이런 등장인물들의 캐릭터를 통해 작가는 사람들 역시 다양한 모습임을 말하고 있습니다. 이런 다양한 모습의 사람들은 저마다 잘하는 재능이 있으며, 각각의 자리에서 중요함이 있다는 것이지요. "그 후 아씨와 일곱 동무는 더욱 신이 나서 일하게 되었다."는 장면은 소중한 것을 깨닫게 합니다. 더불어 살아가는 공동체 사회는 서로의 다름을 인정하고 존중하는 태도가 중요하다는 것입니다.

이 책의 내용은 다음과 같습니다.

빨간 두건을 쓰고 바느질을 즐기는 부인이 있었답니다. 바느질을 즐기는 부인의 친구들도 자, 가위, 바늘, 실, 골무, 인두, 다리미였지요. 그러던 어느 날 빨간 두건 아씨가 낮잠을 자면서 사건이 일어납니다. 빨간 두건 아씨의 일곱 동무는 아씨가 낮잠을 자는 틈에 자신이 제일 중요하다며 뽐을 낸답니다. 일곱 동무의 다투는 소리에 잠이 깬 아씨는 모두의 자랑을 듣고 있다가 화를 냅니다. 그러고는 일곱 동무를 반짇고리에 아무렇게나 쑤셔 넣고 다시 잠을 잡니다. 일곱 동무는 자기가 제일 중요하다고 생각하며 싸우기까지 했는데 아씨의 말을 듣고 슬퍼한답니다. 그런데 빨간 두건 아씨도 꿈속에서 바느질 도구인 일곱 동무가 보이지 않아 울어 버립니다. 슬픔에 잠겨 있던 일곱 동무는 아씨가 울고 있는 모습을 보고 놀라 깨우지요. 잠에서 깬 아씨는 꿈이었다는 사실에 안심합니다. 그리고 "애들아 내가 잘못했어. 너희들 하나하나 모두가 소중하다는 걸 모르고 있었구나. 우리 중에서 누구 하나라도 없으면 일은 안 되고말고."라며 말합니다. 그 일이 있은 후 아씨와 일곱 동무는 더 신이 나서 일을 하게 됩니다.

그림 속에서 재미를 찾아요

첫 번째 그림은 겉표지에서 재미를 찾아보는 것입니다. 앞표지의 그림을 보면 일곱 동무가 창밖을 내다보고 있습니다. 일곱 동무는 창밖의 어떤 모습들을 보고 있을까요? 또 골무 할미는 왜 혼자만 문에 앉아 있으며, 빨간 두건의 아씨는 어디에 있는지 물어봐 주세요. 반대로 뒤표지의 그림은 방안에서 밖을 내다보고 있는 모습이지요. 작가는 왜 표지의 그림을 방 안과 밖으로 표현했을까요? 우리 어른들은 생각하지 못했던 재미있는 이야기를 합니다. 수학 문제의 답처럼 이에 대한 정확한 정답은 없습니다. 아이들이 상상하며 생각하고 말하는 것이 중요한 것이지요. 그러면서 아이들의 상상력은 무궁무진하게 자라게 되는 것이지요. 또한, 아이들의 생각을 자유롭게 이야기해 보게 하면서 책을 읽기 전 내용을 다시금 생각해보게 하는 시간이 되기도 합니다. 책의 내용을 예측하는 활동은 아이들이 내용을 이해하는 데 큰 도움을 줍니다.

두 번째 재미있는 그림들은 등장인물들에게 있습니다. 일곱 동무 중 홍실 각시는 커다란 가체머리를 하고 있으며, 손에는 알록달록 실패를 들고 있지요. 가체머리와 화려하게 그려져 있는 실패를 보면서 홍실 각시가 멋을 부리는 걸 좋아한다고 생각해 볼 수 있습니다. 또 다른 여섯 동무의 이름과 연결하여 그림을 보고 특징을 말하게 해 보세요. 그러면 책의 내용도 쉽게 이해할 수 있을 것이며, 내용을 분석하는 사고력을 키우는 훈련이 될 것입니다. 그리고 빨간 두건 아씨가 꿈을 꾸면서 울 때 일곱 동무는 어떤 행동을 하고 있나요? 먼저 눈물을 닦아 주는 인두 낭자가 보입니다. 물을 떠 오고 귀에 소리를 지르고 옷을 잡아당기는 등 각자의 방법으로 아씨를 깨우고 있지요. 아이들에게 각 인물이 빨간 두건 아씨의 어느 부위에서 어떤 방법으로 아씨를 깨우고 있는지 물어보세요. 자기가 제일이라고 다투던 모습과는 다른, 서로 힘을 합쳐 아씨를 돕고 있음을 이해하게 될 것입니다.

인물의 호칭이 다르고 잘하는 것도 달라요

책 속에서 '인두 낭자'는 결혼하지 않았습니다. 결혼하지 않았다는 것은 호칭에서 알 수 있답니다. '낭자'라는 호칭은 과거 결혼하지 않은 여자를 가리키는 용어이지요. 지금은 결혼하지 않은 여자의 호칭은 '아가씨'입니다.

책 속 인물의 머리 모양 중 인두 낭자만 댕기 머리를 한 모습을 이해할 수 있을 것입니다. 또 '새침데기 바늘 각시와 자 부인, 가위 색시'는 결혼했다는 것을 알 수 있답니다. 각시, 색시, 부인은 결혼한 여자를 가리키는 호칭이지요. 물론 이 호칭들이 다 아내를 부르는 말이기는 합니다. 그러나 각시와 새색시는 갓 결혼한 여자를 부르는 호칭이지요. 갓 결혼한 새색시에게 부인이라 부르지는 않습니다. 또 골무 할미는 할머니를 낮추어 부르는 말이기도 합니다.

이렇듯 과거에는 여자가 어리고 금방 결혼한 여자와 그렇지 않은 여자 등 불리는 호칭에 따라 그 사람의 상황을 추측해 볼 수 있습니다. '옷감의 좁고 넓음과 길고 짧음을 잴 때 사용하는 것, 자를 때, 꿰맬 때, 손부리 다치지 않게, 모양을 잡아줄 때, 구겨진 곳을 펴줄 때 등 어떤 인물들이 있었을까?'라고 질문해 보세요.

이름을 먼저 말하게 하는 질문보다 인물들이 잘하는 것이나 특징으로 질문해 줌으로써 아이들은 각 인물에 관해 다시 정리하게 됩니다. 그러면서 '일곱 동무 각자가 잘하는 것은 무엇이었나?'라는 질문으로 각 인물이 잘하는 것이 있음을 이해시킵니다.

아이와 소통하기

열린 생각을 하는 아이로 키워 주세요

《아씨방 일곱 동무》는 일상에서 나와 친구의 다른 점을 존중하는 태도를 깨닫게 해 주는 책입니다. 내가 잘났다고 말하는 것보다 친구가 잘하는 것을 칭찬하는 말을 많이 하게 해 주세요. 학교에서 인기 있는 친구는 긍정적인 말로 친구들이 잘하는 것을 진심으로 칭찬해 주는 친구들이랍니다.

아이가 고정된 생각으로 닫힌 마음을 갖고 친구를 본다면 친구를 다양하게 사귈 수 없습니다. 아이의 고정된 시선은 친구에 대한 편견을 갖게 하지요. 만약 연극을 할 때 주인공 혼자만으로 다른 사람들에게 감동을 주는 완성된 무대를 만들 수 있을까요? 여러 사람이 각자의 역할에 충실해야 완성된 무대를 만들 수 있지요. 마찬가지로 아이가 어떠한 하나의 생각으로 친구를 본다면 친구의 장점을 볼 수가 없을 것입니다. 그러나 아이가 열린 사고와 마음으로 친구에게 다가가고 열린 생각으로 친구를 본다면 어떨까요? 아마 친구가 못 하는 것보다는 잘하는 모습들이 보일 겁니다. 친구가 실수하고 잘못하는 것이 있어도 친구의 장점을 보려 할 것입니다. 사람은 누구나 다른 사람보다 나은 재능은 한 가지씩 있답니다. 내가 잘하는 것을 친구는 못 할 수도 있고 친구가 잘하는 것을 내가 못 할 수도 있지요.

이 책의 일곱 동무가 각기 잘하는 것이 달랐던 것처럼 나와 친구도 서로 잘하는 것이 다르다는 것을 깨닫게 해 주어야 합니다. 즉, 서로의 다양성을 존중하는 태도가 필요하다는 것이지요.

다양성을 존중하는 마음이나 태도는 가정에서 시작됩니다

공동체는 가정에서 시작되어 학교와 사회로 이어진답니다. 혼자 사는 세상이 아니기에 누군가를 평가하는 태도는 좋지 않아요. 사람들과 좋은 관계를 맺으려면 서로가 잘하고 못 하는 것을 문제로 삼으면 안 됩니다. 책 속 인물 캐릭터 중 가위 색시는 "잘 재어 본들 자르지 않으면 아무 소용이 없다"고 이야기합니다. 이 책의 인물들이 자신들이 잘하는 것을 말하며 혼자만 중요하고 잘난 척을 하는 겁니다. 그러나 친구 관계에서 서로가 자신만이 잘났다고만 하면 마음의 상처를 받을 수 있습니다.

사람들 역시 한 가지의 모습만 가지고 있지 않으며, 누구나 자신만의 장점이 있지요. 뿌리가 같은 나무에 꽃잎이 필 때도 하루에 다 피지는 않는답니다. 뿌리가 같은 나무면서도 꽃잎은 빨리 피기도 하고 늦게 피우는 꽃잎들도 있게 마련이지요. 그러나 자기 자리에서 각자의 역할을 충실히 하기에 사람들은 아름다운 나무라고 생각하게 됩니다. 마찬가지로 사람들도 각자 자신이 가진 각자의 재능이 있습니다. 그중 언제 어디서 누구와 무엇을 하느냐에 따라 다르게 나타나지요. 그래서 아이에게 아씨방 일곱 동무처럼 내 주변의 친구들도 모두 소중하다는 것을 깨닫게 해 주어야 합니다.

아이와 활동하기

1. 용도에 맞게 줄을 이어 보세요.

인두 ●   ● 붉은색의 명주실

자 ●   ● 옷을 꿰매기 위하여 끝을 뾰족하게 한 것.

홍실 ●   ● 옷이나 천 따위의 주름이나 구김을 펴고
                   줄을 세우는 데 쓰는 도구.

골무 ●   ● 길이를 재는 데 쓰이는 도구.

가위 ●   ● 바느질할 때 마늘 귀를 밀기 위하여 손에 끼는 도구.

바늘 ●   ● 옷감을 자를 때 사용하는 도구.

다리미 ●   ● 바느질할 때 불에 달구어 천의 구김살을 눌러
                   펴거나, 솔기를 겪어 누르는 데 쓰는 기구

2. 빨간 두건 아씨와 일곱 동무의 특징을 살려서 나만의 캐릭터를 그려 보고 잘하는 것을 말해 보세요.

3. 나와 친구들이 잘하는 보물을 찾아요.

　　– 내가 잘하는 것은 무엇인가요?

　　– 친구들이 잘하는 것은 무엇인가요?

　　– 친구들에게 해주고 싶은 말은 무엇인가요?

함께 읽으면 좋은 책

아기 캥거루와 겁쟁이 토끼

아기 캥거루는 엄마 캥거루의 생일에 산딸기 케이크를 만들려고 한답니다. 하지만 산딸기가 어디 있는지 찾는 게 쉽지 않았어요. 산딸기 찾기가 어려운 상황에서 여러 명의 친구에게 도움을 받는 이야기입니다. 이 세상의 모든 것은 경계하는 것이 아니라 함께 어울려야 하는 가슴 따뜻한 이야기입니다.

파울 마르 글·그림 | **유혜자** 옮김 | **중앙출판사**

하지만 막스도 잘하는 게 있어요

주인공 막스는 어떤 일을 하더라도 서툴러서 잘 못 한답니다. 몸도 뚱뚱하고 달리기도 못 하지요. 아무리 실수가 잦고 잘못을 많이 하더라도 누구든지 다른 사람보다는 잘하는 한 가지는 있답니다. 자신의 재능을 찾았을 때 자신감을 느끼기도 하지요. 이 책의 주인공 막스처럼 말이에요.

발터 비퍼스베르크 글 | **수잔 오펠 괴츠** 그림

한희진 옮김 | **중앙출판사**

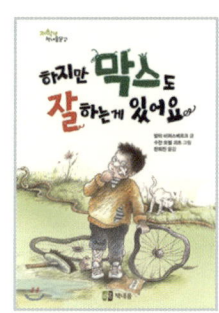

책으로 인성 키우기

초등 독서교육 전문가 6인의 인성독서 수업

초판 1쇄 인쇄 | 2018년 6월 01일
초판 1쇄 발행 | 2018년 6월 15일

지 은 이 | 임성미 신정분 종광희 양애린 지윤정 임수영
펴 낸 이 | 김정동   **편집주간** | 김동수
책임편집 | 김예슬   **홍   보** | 김혜자
마 케 팅 | 유재영·김은경   **디 자 인** | 최진영
펴 낸 곳 | 서교출판사

등록번호 | 제10-1534호
등록일 | 1991년 9월 12일
주소 | 서울시 마포구 성지길 25-20 덕준빌딩 2F
전화번호 | 3142-1471(대)
팩시밀리 | 6499-1471
이메일 | seokyodong1@naver.com
홈페이지 | http://blog.naver.com/sk1book
ISBN | 979-11-85889-59-7 13590

- 잘못된 책은 구입처에서 교환해 드립니다.
- 이 도서의 국립중앙도서관 출판 예정 도서목록(CIP)은 서지정보유통지원시스템 홈페이지(http://seoji.nl.go.kr)와 국가자료공동목록시스템(http://www.nl.go.kr/kolisnet)에서 이용하실 수 있습니다. (CIP 제어번호: CIP 2017008739)

서교출판사는 독자 여러분의 투고를 기다리고 있습니다. 출판 관련 원고나 아이디어가 있으신 분은 seokyobooks@naver.com으로 간략한 개요와 취지 등을 보내 주세요. 출판의 길이 열립니다.